中国青年艺术学养提升读本

一生必知的东方建筑事典

崔杨 主编　李哲 编著

图书在版编目(CIP)数据

一生必知的东方建筑事典 / 崔杨主编；李哲编著.
—呼和浩特 ：内蒙古人民出版社，2015.9
(中国青年艺术学养提升读本)
ISBN 978—7—204—13423—6

Ⅰ.①一… Ⅱ.①崔… ②李… Ⅲ.①建筑史—东方国家—青年读物 Ⅳ.①TU—091

中国版本图书馆 CIP 数据核字(2015)第 084773 号

一生必知的东方建筑事典

主　　编　崔　杨
编　　著　李　哲
责任编辑　郝　乐
策　　划　晓　峰
封面设计　映象视觉
出版发行　内蒙古人民出版社
地　　址　呼和浩特市新城区中山东路 8 号波士名人国际 B 座 5 楼
网　　址　http://www.nmgrmcbs.com
印　　刷　内蒙古爱信达教育印务有限责任公司
开　　本　710mm×1000mm　1/16
印　　张　13
字　　数　270 千
版　　次　2015 年 9 月第 1 版
印　　次　2015 年 11 月第 1 次印刷
印　　数　1—4000 册
书　　号　ISBN 978—7—204—13423—6/TU·16
定　　价　29.80 元

YSXY

艺术学养

TSDB

提升读本

前　言 Introduction

你翻开这本《一生必知的东方建筑事典》，你会了解到东方建筑发展中的每一个重要事件，而这些重要事件都与东方建筑史上的重要建筑分不开。这些重要建筑的文化特征和历史背景，都是人类历史的见证。

建筑的最原始形态，是原始人的巢居和穴居。在此基础上，人类才逐渐发展出后来的真正意义上的建筑。和其他人类一样，东方人的原始建筑，是从洞穴等原始建筑开始的。山顶洞人的洞穴建筑、河姆渡人的干栏式建筑、红山人的女神庙以及三星堆人的古城，是中国原始建筑中的代表。

中国进入封建社会后，一些早期建筑开始诞生。中国早期建筑的一些重要要素在先秦时期已经初步形成。著名的孔家祖庙就始建于先秦时期，它是中国建筑史上绕不开的一座巅峰之作。在南亚，建筑在这一时期也得到了充分的发展，并且对同时代的亚洲建筑产生了重要的影响。印度的桑吉窣堵波和阿旃陀石窟就是南亚建筑的代表。

从北魏后期到隋朝，中国古代建筑进入了发展的高潮期，这以隋朝开凿的京杭大运河为代表。唐朝奠定的开放风气，又加强了建筑的传播与发展。同时期古代日本的建筑深受中国建筑的影响，木构建筑逐渐成熟，法隆寺就是这方面的代表，其

建筑深深刻下了唐朝的印迹。

到了宋元时期，中国古代建筑迎来了一个发展的巅峰时期。这一时期，出现了许多著名的建筑，如木结构代表作佛宫寺释迦塔。同时期，南亚和东南亚的建筑也出现了辉煌时刻，如柬埔寨的吴哥窟。

在明清时期，中国古代建筑取得了巨大的发展。在这一时期，中国的建筑取得了一个个辉煌的成就。紫禁城是明代开始建造的，是中国现存规模最大、保存最完整的古建筑群，它完美地体现了中国传统文化的博大精深，代表着中国宫殿建筑艺术的最高成就。海印寺是韩国最著名的佛寺，该佛寺的大藏经版库建筑内部能自动换气和进行温湿度调节，完整地将藏经保存了数百年之久，让世人惊讶。

历史进入近代，由于东方近代的建筑风格遭遇到西方建筑风格的影响，东西方结合的建筑风格，不同程度地在东方大地上出现。在中国租界区，也出现了纯粹西方化的建筑。上海汇丰银行大楼就是西方人自己设计建造的纯西方化的建筑。日本的鹿鸣馆和韩国的总督府大楼，则是东方人学习西方建筑手法而建造出的西方化的建筑。

二战后，东方建筑进入了现代化的进程。在这一进程中，东方建筑呈现出民族化和多元化的风格特点。全国农业展览馆是北京唯一具有中国传统风格的园林式大型展览馆。中国的鸟巢，在设计中就将中国传统文化中镂空的手法与现代最先进的钢结构设计完美地融合在一起……

现在我们就一起进入东方建筑的发展隧道，开始一段唯美的旅程。

目 录 Contents

▲半坡建筑遗址

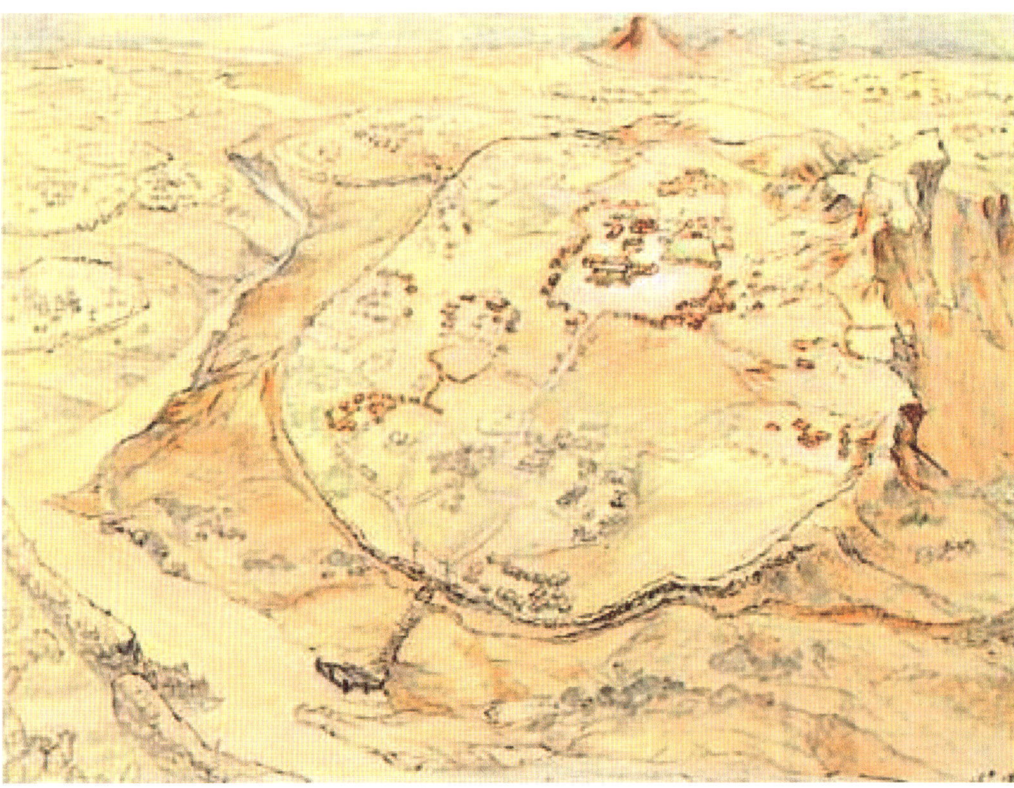

▲红山文化聚落遗址复原图

第一章
东方的原始建筑

建筑就是利用固体材料来建造空间，以满足人类居住的需求。建筑的最原始形态，是原始人的巢居和穴居。在这些最原始的建筑形态上，人类才逐渐发展出后来的真正意义上的建筑。与其他人类的建筑一样，东方人的原始建筑，也是从洞穴等原始建筑开始的。

中国的原始建筑

在远古时期，中国人的祖先因生存的需要，发明了最原始的居住场所。山顶洞人的洞穴建筑、河姆渡人的干栏式建筑、红山人的女神庙以及三星堆人的古城，是中国原始建筑中的代表。

山顶洞人的洞穴建筑

原始社会，生产力水平低下，当时人类是不会建造房屋的。对于他们来说，天然洞穴显然是最宜居住的“家”，山洞满足了原始人对生存的最低要求。

▲山顶洞人洞穴外观

山顶洞人处于母系氏族公社时期，生产力非常低下。他们使用共有的工具，共同劳动，共同分配食物，一起居住在天然的洞穴中。

考古发现，山顶洞人居住的洞穴已经有了建筑的概念。洞穴分为洞口、上室、下室和下窨四部分。洞口向北，高约 4 米，下宽约 5 米，有天然开凿的痕迹。上室在洞穴的东半部，南北宽约 8 米，东西长约 14 米，是山顶洞人居住的地方。下室在洞穴的西半部稍低处，深约 8 米，是埋葬亡者的墓地。下窨是仓库。

河姆渡人的干栏式建筑

河姆渡遗址位于浙江省宁波市余姚市河姆渡镇，河姆渡文化是中国长江下游地区较早的新石器时代文化遗存，距今已有约 7000 年的悠久历史。

在河姆渡遗址内，发现大量干栏式建筑遗迹。建筑专家根据遗迹的桩木排列和走向，推算出至少有 6 幢干栏式建筑。这 6 幢干栏式建筑的形态各异，大不一样，其中有幢建筑非常长，其长度有 23 米以上。这个长屋可能被分隔成若干个小房间，是供一个大家庭住宿的。

河姆渡人建造干栏式建筑住宅时，会先打下 1 米长的木桩，在其上架设大小梁，于梁上铺设 10 多厘米厚的地板，做成高于地面的基座，然后构建“人”字坡屋顶。在完成屋架部分的建筑后，再用苇席或树皮做成围护设施，干栏式建筑就这样建成了。

河姆渡人之所以采用干栏式建筑，是由当地的地理和气候条件决定的。河姆渡一带系沼泽地区，气候湿热，多蚊虫。干栏式建筑的地板起防湿和御虫蛇的作用。地板下部空间可用来豢养家畜。地板上为起居住室。正是因为干栏式建筑适应南方地区潮湿多雨的气候环境，因此被后世所继承。今天在中国西南地区和东南亚国家的农村还可以见到此类建筑。

在河姆渡人的建筑遗迹中，还发现了大量的建筑构件，主要有木桩、地板、柱、梁、枋等。有些构件上带有榫头和卯口，说明当时建房时采用了榫卯技术，应该说这是原始人类建筑技术的一大进步。

▲河姆渡人干栏式建筑复原图

红山人的女神庙

新石器时代的红山文化遗址，距今已有5000多年的历史，它是一个包括大型祭坛、女神庙和积石冢的建筑群，其布局和结构与北京的天坛、太庙和十三陵有相似之处。

在这个建筑群中，最值得一提的是那座女神庙，这是中国年代最早的神庙。女神庙坐落在红山的北山顶部，长22米，宽5.3米，分为五部分，分别是前室、中室、主室、耳室和后室。附属建筑为单室建筑。女神庙的顶盖和墙体采用木架草筋，内外敷泥建造而成，并在顶盖和墙体的表面上采用压光或施用彩绘。

女神庙室内有巨大塑像群。在众多塑像中，有一座女神像十分引人注意。它造型准确，形象生动，艺术水平较高，是一件艺术珍品。

▲女神庙遗址

从红山建筑群的主体建筑——这座女神庙来看，当时已形成了有中心、多单元、有变化的殿堂雏形。这说明女神庙所在的位置可能原先是一座都城。

三星堆人的远古都城

三星堆遗址位于四川省广汉市西北的鸭子河南岸，是一座由众多古文化遗存分布

▲三星堆远古都城城墙

点组成的庞大遗址群。遗址群开始于新石器时代晚期，结束于商末周初，延续近2000年。

考古发现，三星堆遗址是一座被东、西、南三面城墙所环绕，加之北侧鸭子河，具备很好的防御体系的一座古城。三星堆古城是古蜀国的都城，具有鲜明的地域特色，与当时中原地区的夏、商代都城明显不同。

三星堆古城在选址时，基于对城池安全的考虑，选择了依托鸭子河，即使按照现代建筑学理论，这里的地理位置和自然环境也是十分适合建城的，可见古代蜀人的建筑智慧十分之高。

从建筑布局上看，三星堆古城由一道外郭城和若干个内城组成，古城内外可分作祭祀区、居住区、作坊区、墓葬区等部分。古城内的重要建筑遗址是三星堆城墙、月亮湾城墙、仁胜村墓地和青关山遗址。

三星堆城墙呈东北—西南走向，位于鸭子河与马牧河之间的高台地上，城墙现已不存在。根据城墙基础可知，三星堆城墙长度为260米，基础宽度为42米。在城墙的中部和北部各有一宽约20余米的缺口，将西城墙分为北、中、南三段。

月亮湾城墙位于三星堆遗址中北部的月亮湾台地东缘，按走向可分南北两段，北段为东北—西南走向，南段略向东折。城墙地面现存部分总长约650米，顶宽约20米左右，高2.4米。中段有拐折，南段成正南北走向。城墙外侧有壕沟，壕沟距地表深3.5米。

仁胜村墓地位于三星堆古城的西北部，这是三星堆古城的公共墓地。考古学者在约900平方米的范围内，发掘出29座小型长方形竖穴土坑和狭长形竖穴土坑墓葬。可以看见墓室加工较为考究。

青关山遗址是三星堆古城遗址中一座大规模的房屋遗址，位于鸭子河南岸的台地上。经考古发掘，发现了大型红烧土房屋遗址一座，这座房屋极有可能是古蜀国的宫殿性质的建筑，建造年代为商代。

大型红烧土房屋房基宽0.35米至1.5米，均系红烧土夯筑，红烧土内夹杂大量卵石。推测其修筑方法为先挖基槽，然后夯筑房基。这种先进的修筑方法，体现了远古时期中国人的生产力已经得到了一定的发展，其房屋建造技术也达到了一定水平。

印度的原始建筑

印度的原始建筑最有代表性的便是摩亨佐·达罗。摩亨佐·达罗是古印度最早出现的城市，也是世界上最早出现的古代城市之一，有古代印度河流域文明的大都会之称。摩亨佐·达罗的城市总体规划非常先进且又极为科学，是世界建筑史上的一项伟大成就，很多人将摩亨佐·达罗称为“青铜时代的曼哈顿”。

摩亨佐·达罗城

在印度的原始建筑中，村落被视为人们聚居的基本单元，因此将村落作为中心，然后加以拓展就形成了城市。这种拓展方式首先在摩亨佐·达罗城得以体现。

摩亨佐·达罗城建造于约公元前3000年，位于印度河下游。原先这里有一些小的村落，随着人们越聚越多，村落的规模越来越大，于是当时的统治者就在这里规划建造了一座城池。

▲摩亨佐·达罗城遗址

摩亨佐·达罗城的西区是城堡，建在一个高约10米的人工平台上。城堡的南半部是会堂和寺庙，会堂可能是祭祀用的，寺庙的四周有柱廊，里面有走道和各种房间。另外城里还有高塔。这个时期，古印度的建筑也初步形成自己的形制。

建筑规划很科学

摩亨佐·达罗城的周长在4.8千米以上，占地达2.6平方千米，由卫城和下城两部分组成。卫城由高大坚固的城墙环绕，四周还建有高耸的塔楼，这里显然是供贵族居住的。为了方便贵族生活，这里有非常复杂的地下排水系统与供水体系。下城区为平民居住区，城市规划整齐，路上每隔一段距离就会有照明用的路灯杆，以便人们夜晚

▲近观摩亨佐·达罗城

行走。

摩亨佐·达罗城总体规划非常先进且又极为科学。有一条宽阔的大马路自北向南纵贯城市，每隔几米就有一条东西向的小街与之成直角相交。此外，还有小巷组成的不规则的路网与小街相连。在大街小巷中分布有大浴池、大粮仓、宽敞的会议厅以及其他许多公共建筑。

要建造这样一座城市，在当时的条件下，其耗费的人力和物力是不可估量的，所以有人说摩亨佐·达罗城是当时土木工程中的一项伟大成就。

民居设有排水系统

居民的住宅大多数为多间建筑，有些房子很大，包括几套院落，有些则是简陋的单间房屋。为了防止恶劣天气、噪音、异味、邻人骚扰和强盗入侵，大多数住宅的底楼正对着马路的一面均为毛坯墙，没有窗户。居民房屋内都有一个宽敞的门厅，房屋的采光、通风条件良好。

摩亨佐·达罗城，有完整的排水系统和精致的汲水井等。在这里，有一个由众多水井组成的自来水网络为每个街区提供水源。所以，每户人家都装有沐浴平台，许多家庭还有厕所。城中还有一个范围广大的排污系统，能即时将污水排走。

▲摩亨佐·达罗城大粮仓想象图

摩亨佐·达罗城在 1922 年被考古发掘时，整座城市已是一片废墟。除了城市中充满了燃烧的残迹外，街头巷尾到处都是男女老少的尸骨。这样一座伟大的城市为什么被毁灭，这是个谜，至今没有定论。

日本的原始建筑

日本的原始建筑遗址被发现的很少，在日本的古老文献中，也没有发现原始建筑的记载。在目前日本发掘的原始建筑遗迹中，三内丸山遗址和吉野里遗迹具有一定的建筑学研究价值。

三内丸山建筑遗迹

三内丸山建筑遗迹位于日本青森市郊外，是日本绳文时代中前期的大型村落遗迹。

在三内丸山遗迹内，发现了500余栋半地穴建筑遗迹，其中规模最大的半地穴建筑遗址长32米、宽9.8米。有学者认为，这里曾是古代日本人冬季的共同居住区或集会场所。

在三内丸山建筑遗迹中还发现超过千座的大人和小孩坟墓，还有100座以上的巨型柱状建台等建筑遗迹。考古发现，这些建筑外形古朴、结构坚固。

▲三内丸山建筑遗迹复原图

日本人对这些半地穴建筑进行了复制。值得称道的是，半地穴建筑的木柱是绳文时代的实物，由于当时日本的远古先民们，对木柱做了防腐处理，加之有丰富的地下水的保护，所以历经数千年也没有腐烂。

吉野里建筑遗迹

吉野里建筑遗迹位于佐贺县神埼郡吉野里町和神埼市的吉野里丘陵上，是日本弥生时代大规模环濠聚落的遗迹。吉野里的历史最早可追溯至公元前3世纪至3世纪。

吉野里遗迹面积约0.5平方千米，包括仓库群和仓和市等市场交易区域、国王和领袖层居住的南内郭、举行祭典的北内郭、历代国王墓的北坟丘墓、一般人居住的南村等区域。

吉野里建筑遗迹的瞭望建筑物和双重壕沟遗址被认为是日本城郭的源头。

日本的考古学家通过研究史前的泥土得出结论，日本的原始建筑有树叶或泥土制成的屋顶，并且使用了木质地板，这与中国江南的干栏式建筑十分相似。有人认为，这说明日本国在弥生时代就与中国的吴越人有了联系。

吉野里遗址在1986年被发现，目前日本在此地建立起吉野里历史公园。

▲后人复制的春秋战国城

▲后人复制的春秋战国建筑

第二章 东方古代早期的建筑

中国早期建筑中的一些重要要素在先秦时期已经初步形成。著名的孔家祖庙就始建于先秦时期，它是中国建筑史上绕不开的一座巅峰之作。孔家祖庙以其规模之宏大、气魄之雄伟、年代之久远、保存之完整，被建筑学家梁思成称为世界建筑史上的“孤例”。

在南亚，建筑在这一时期也得到了充分的发展，并且对同时代的亚洲建筑产生了重要的影响。印度的桑吉窣堵波和阿旃陀石窟就是南亚建筑的代表。

桑吉窣堵波是印度宗教建筑的早期代表。这座建筑把宗教意义与象征意义融为一体，着重表现天与地、建筑与自然之间的密切关系，强调这种无形的力量要远胜于那些单纯的建筑形象美的原则。

阿旃陀石窟以其高超的建筑艺术以及窟内的精美壁画闻名于世，阿旃陀石窟的每一窟都是无价的艺术品。

随着佛教的广泛传播，桑吉窣堵波的宗教建筑特色也在亚洲广泛流传；阿旃陀石窟艺术也随之传入了中国、朝鲜、日本以及东南亚一些国家和地区，并对当地的石窟建筑产生了重要的影响。

从唐叔虞祠到晋祠

晋祠是建筑艺术的园林，也是历史文化的缩影和宝库。在漫长的岁月中，晋祠经过多次修建和扩建，面貌不断改观。在晋祠内，近百座殿、堂、楼、阁、亭、台、桥、榭，错落其间，将中华建筑艺术的精髓展现在世人的面前。

唐叔虞祠

▲晋祠

周武王姬发死后，其长子姬诵即位，这就是周成王。周成王年幼，由周公旦辅佐。周成王是个孩子，喜欢玩耍。有一天，成王把一片桐叶剪成玉圭的形状，送给弟弟叔虞，开玩笑说："这玉圭给你，封你到唐国做诸侯吧。"周公知道这件事后，就问姬诵："你要封叔虞吗？"姬诵说："我是跟弟弟说着玩的。"周公说："你是国君，君无戏言。"于是周成王只得真的将叔虞封为唐国的诸侯。这就是历史上有名的"剪桐封弟"的故事。

周成王

周成王（前 1055—前 1021），姓姬，名诵，周武王之子，是中国西周第二代天子，谥号成王。周成王继位时年幼，由周公旦辅政。周成王亲政后，命周公东征，编写礼乐，加强了西周王朝的统治。在周成王与其子周康王（姬钊）统治期间，社会安定、百姓和睦、"刑错四十余年不用"，从而开创了"成康之治"。

叔虞到了唐（今山西太原一带）后，在母亲的帮助下，领导人民改良农田，兴修水利，发展农业，使人民的生活逐渐安定富裕，成了唐人爱戴的封建领主。后人便立祠纪念他的功绩，这祠就叫唐叔虞祠。

叔虞死后，他的儿子燮继承了他的封地。因唐境内有一条河叫晋水，就改国号为"晋"，这就是后来著名的春秋五霸中的晋国的来源。此后唐叔虞祠被习惯地叫成了晋祠。这就是晋祠的来源。

历史上多次扩建

晋祠位于山西省太原市西南 25 千米处的晋水源头处。关于晋祠最早的记载见于北魏郦道元（466—527）的《水经注》，当时的晋祠已有祠、堂、飞梁等建筑了。

随后，晋祠经过多次修建和扩建。南北朝时，北齐文宣帝高洋于天保年间（550—

559）扩建晋祠；隋开皇年间（581—600）在祠区西南方增建舍利生生塔；唐贞观二十年（646），唐太宗李世民撰写碑文《晋祠之铭并序》，并下诏对晋祠进行一次大规模的扩建；宋太宗赵匡义于太平兴国年间（976—984），在晋祠大兴土木，将晋祠规模进一步扩大；宋仁宗赵祯于天圣年间（1023—1032）追封唐叔虞为汾东王，并在晋祠为唐叔虞之母邑姜修建了规模宏大的圣母殿，晋祠内的建筑变得更加丰富；此后又建鱼沼飞梁，铸造铁人，增建献殿、钟楼、鼓楼及水镜台等，祠区建筑布局也因此变化颇多，成为中国建筑史上的一个典范之作。

▲叔虞像

晋祠近百座殿、堂、楼、阁、亭、台、桥、榭，错落其间，将中华建筑艺术的精髓展现在世人的面前。晋祠的一个最大的特点是，晋祠没有明确的中轴线，院落之间也不作对称布置。

建筑的布局

晋祠内，由东向西，依次坐落着水镜台、会仙桥、金人台、对越坊、钟鼓二楼、献殿、鱼沼飞梁和圣母殿。这一组建筑和它北面的唐叔虞祠、昊天神祠和文昌宫，以及南面的水母楼、难老泉亭及舍利生生塔等，遥相呼应，和谐共处，组成了一个综合建筑群。

晋祠虽无中轴线，建筑布局也不对称，但是布局紧凑，既像庙观的院落，又像皇室的宫苑，反映了中国先人的建筑智慧。值得一提的是，晋祠东西一条主线上的建筑群，以及南、北两组建筑，并不是同一时期建造的，而是在漫长的历史中，不断兴建成的，所以晋祠的建造是没有统一的规划的。但是这些后人增建的建筑，并不是杂乱无章地生拼硬凑，而是似乎都服从于一个并不存在的总体规划，使得布局非常和谐。

晋祠最前端是水镜台，前部为单檐卷棚顶，后部为重檐歇山顶。除前面的较为宽敞的部分是演戏的舞台外，其余三面均有明朗的走廊。

从水镜台向西，有一条晋水的干渠——智伯渠，又名海清北河。后人在旧渠的基础上加以修浚，成为灌溉田地的水渠。

通过智伯渠上的会仙桥，便是金人台。金人台呈正方形，四角各立铁人一尊，每

▲圣母殿

尊高两米有余。铁人经历八百多年的雨雪风霜，迄今明亮不锈。

穿过对越坊及钟楼、鼓楼就到了献殿。献殿是中国古建筑中的瑰宝。

献殿以西，是连接圣母殿的鱼沼飞梁。

在众多的建筑群中，年头最早的是唐叔虞祠。它坐落在晋祠的东北隅，是一个两进院落，大殿里供奉着叔虞像。过去的大殿已不复存在，如今的大殿是清乾隆年间重建的。叔虞祠内还陈列着唐武则天时期刻的华严石经 128 幢及明代泥塑十余尊。

国宝圣母殿

叔虞祠以北，有一座圣母殿，它是为供奉唐叔虞的母亲邑姜而建的。

圣母殿是晋祠的主殿，建于北宋天圣年间，是现存北宋重要建筑之一。该殿坐西朝东，面阔五间，进深四间，高 19 米，重檐歇山屋顶。殿堂结构为单槽形式，殿四周有回廊。大殿正面八根下檐柱上有木制雕龙缠绕，即《营造法式》所载的缠龙柱，这是现存的宋代缠龙柱的孤例。此殿表现了典型的北宋建筑风格，可视为宋代建筑代表之作。

圣母殿内的邑姜像是明代重装的，圣母两侧的四十二尊宋代仕女塑像姿态各异，十分漂亮。塑像以细致的手法表现出她们不同的表情。这是中国建筑雕塑史上少有的杰作。

▲圣母及两侧仕女雕塑

圣母殿前的鱼沼飞梁又是一处国宝。全沼为一方形水池，池中立 34 根小八角形石柱，柱顶架斗拱和梁木承托着“十”字形桥面，桥面整个造型犹如展翅欲飞的大鸟，故称飞梁。毕生研究中国古代建筑的建筑史学家梁思成教授曾对此赞叹说：“此式石柱桥在古画中偶见，实物仅此一例。”

飞梁之前的献殿，与圣母殿、鱼沼飞梁并称为晋祠建筑三杰作。它是陈设祭品之所，建于金大定八年（1168）。此殿宽三间，深两间，其梁架很有特色，只在四椽栿上放一层平梁，既简单省料，又轻巧坚固。殿的四周除中间前后开门之外，均筑坚厚的槛墙，上安直栅栏。栅栏是四面开敞的小殿，殿小而结构清晰，是研究宋金时代中国建筑的最佳实例。

梁思成

梁思成（1901—1972），梁启超之长子，建筑大师。生于日本东京，原籍为广东省新会县（今广东省江门市新会区）。毕生从事中国古代建筑的研究和建筑教育事业，是中华人民共和国成立后致力于保护古建筑的旗帜性人物，是中国古代建筑这一学科的开拓者和奠基者。曾参加人民英雄纪念碑等设计，是中华人民共和国首都城市规划工作的推动者。

▲鱼沼飞梁

圣母殿前的月台西北几十米外是水母楼，水母楼前是难老泉亭，前边泉水涌出之处便是智伯渠。

水母楼是明代建筑，楼内有一座铜铸的水母像，是长发未束的村妇打扮。水母像底座不是通常菩萨的莲花宝座，而是一个盖着的水缸。传说这位村妇为拯救全村人而死，后人为了纪念她，建起了这座阁楼。

纪念鲁班的公输子祠

另外值得一提的是水母楼南侧的公输子祠。公输子即鲁班。传说修晋祠时，鲁班曾显过灵，指点工匠采取堆土和修筑冰道的办法修建晋祠的建筑。因而修建晋祠的工匠们在完工后，自己捐钱修造了这座公输子祠，以感谢鲁班的指点。

▲公输子祠

晋祠可称得上是历代的“鲁班”——众多能工巧匠们的杰作和永恒的纪念。晋祠不仅是建筑艺术的园林，也是中国历史文化的缩影和宝库。

鲁哀公建孔庙与后世的扩建

孔家祖庙是古代中国人的精神圣地。孔家祖庙始建于鲁哀公十七年（前 478），历代增修扩建，经 2400 余年而祭祀不绝。孔家祖庙以其规模之宏大、气魄之雄伟、年代之久远、保存之完整，被建筑学家梁思成称为世界建筑史上的“孤例”。孔家祖庙与其故宅是中国渊源最古、历史最长的建筑物，也是海内外数千座孔庙的先河与范本。

孔家祖庙历代增修

▲孔家祖庙建筑群

孔家祖庙（下简称“孔庙”）位于山东省曲阜市南门内，为中国现存最大的孔庙。

在孔子死后的第二年（前 478），鲁哀公将孔子的三间故居小屋辟作孔庙，后经历代增修扩建，规模越来越大。宋天禧二年（1018），孔子第四十五代孙孔道辅监修孔庙，将正殿扩建，位置后移，并增建殿庭廊庑 360 间。这是有史以来孔庙建筑的最大规模的一次整修，孔庙也因此成为宏伟壮观的仿王宫制的建筑群。

现今的孔庙基本上是明清两代所建，内有坊殿、亭阁 466 间，总面积达 15 万平方米。

孔庙在建筑形制和布局上深受儒家思想的影响。儒家思想不仅是人们为人处世的一种方式，同时也是人们建筑审美的一个标准。孔庙的建筑就是儒家建筑审美思想的一种集中体现。

孔庙平面呈长方形，分东、西、中三路，前后九进院落，其规模之宏大，仅次于北京的故宫。孔庙南北中轴线长 1000 多米，前有棂星门、圣时门、弘道门、大中门、同文门、奎文阁、十三御碑亭。从大成门起，分为三路。东路为孔子故宅，有诗礼堂、礼器库、鲁壁、故宅井、崇圣祠、家庙等；西路为祭祀孔子父母的启圣王殿、启圣王寝殿及用以习乐的金丝堂和乐器库等；中路有杏坛、大成殿、东西庑、寝殿、圣迹殿等。

孔庙的主体建筑是大成殿，大成殿是孔庙中最重要的建筑物，也是孔庙的中心建筑，占据区域的中心位置。大成殿用高高的台基托起，位于周围的建筑物之上，重檐九脊，斗栱交错，金碧辉煌，表现了孔子的崇高地位。

大成殿殿面宽九间，进深五间，正中供祀孔子像，两侧配祀颜回、曾参、孟轲等十二圣哲像。殿内地面至正脊长 24.8 米，宽 45.78 米，进深 24.89 米。殿内柱用楠木，雕刻有金龙，显得十分富丽堂皇。中央藻井蟠龙含珠，一如太和殿。殿外檐柱用汉白玉石料，正面 10 根石柱刻有蟠龙，上下两龙对翔戏珠。柱脚四周刻假山石图样，山石下刻莲瓣一周。再下面的柱础都刻有重层宝装覆莲，所有雕刻意态浑朴。

大成殿始建于宋天禧元年（1017），明代重建，清雍正二年（1724）再建，此后便一直保持现状。

历史上的孔庙

历史上的孔庙有两千多所，根据其性质或类别可以分为三种类型，一是孔氏家庙，二是国庙，三是学庙。无论何种孔庙，其建筑模式、体量、色调以及祭祀的内容、等级等等，都必须遵循国家认可的规范和准则。

从建筑上说，绝大多数孔庙都有棂星门、泮池、大成门、大成殿、东西庑、尊经阁、明伦堂、敬一亭、崇圣祠、乡贤祠、名宦祠，建筑布局大多是中轴分明、左右对称。

▲大成殿

大成殿前相传是孔子讲学的地方，即著名的杏坛。坛是露天的，宋代时在坛旁种了不少杏树。金代以后，朝廷为表示对孔子的恭敬，在坛上建了一个亭子。

大成殿前东西两侧有廊庑八十间，原是供奉历代著名儒家贤人神位的地方，现在是碑刻陈列馆。大成殿后有寝殿，是一座重檐歇山顶七开间的建筑，内供孔子夫人亓官氏的牌位。

寝殿后又有一座圣迹殿，单檐歇山顶，五开间，是陈列明代刻的 120 幅孔子事迹图的地方。此殿建于明万历二十年（1592），现仍为原物。

奎文阁后，大成门前，排列着两排 13 座碑亭。这是金、元、清三朝代的帝王，为保护唐宋以来几十位皇帝来孔庙祭孔所立下的 53 块御碑而建，被称之为十三御碑亭。其中，有两座碑亭建于金明昌六年（1195），是孔庙中现存的最早的建筑物。

▲孔府

孔府堪称私宅之首

孔府即孔家居宅，为什么私家住宅也如此有名呢？当然还是与孔子有关。孔子在世时，只有小屋三间，当然没什么孔府。但在孔子死后，“荫及子孙”，历代皇帝对孔子的后代嫡裔都眷顾备至。例如汉高祖始封孔子的九世孙为“奉祀君”；汉元帝封孔子十三世孙为“关内侯”；唐代封孔子的十五世孙为“文宣公”；宋至和二年（1055）封孔子的十六世孙为“衍圣公”，后代相衍世袭。衍圣公于明代上朝时列于文官之首，清代则列于阁臣之上，地位极高。

孔府即是衍圣公的官署兼私邸，因而又称“衍圣公府”，西与孔庙毗邻。

孔子的嫡传长子长孙原住阙里故宅，称为“袭封宅”。宋宝元年间另建新第，封衍圣公后，始改称“衍圣公府”。明洪武十年（1377）敕命于故宅东重建府第。弘治十六年（1503）再次拓广，嘉靖时重修，经明清历次扩建，遂成现在的规模。

孔府占地240亩，占地面积之大，堪称全世界私宅之首。楼房厅堂463间，其布局分中、东、西三路。中路存十一进庭院。按皇宫前朝后寝之制，孔府内宅门以前，是衍圣公办“公事”的地方，后面才是生活院落。

孔府的衙署在中路前部，共设三堂六厅。正厅（大堂）为五门九檩悬山建筑，前设大月台，中部三间为前檐空敞的传统大堂形制。正厅前有东西庑各十余间。按明代六科设六厅，东庑设知印、典籍、管勾三厅；西庑为掌书、司乐、百户三厅。后厅（二堂）五间七檩，有穿堂与正厅相连，呈“工”字形。退厅（三堂）也作五间七檩，与东西两厢组成庭院。孔府三厅两庑主体为“工”字殿出月台的建筑布置，是明清两代衙署的典型格局。

▼孔府中堂

中路前院的东南隅还有刑狱设施。内宅门以东有防御用的碉堡。前三堂的后面，便是内宅的

后三院。在中路退厅以后，共有前上房、前堂楼、后堂楼三个封闭式庭院。前上房为七间七檩悬山式建筑，并有东、西两厢房各五间，是衍圣公生活起居的主要院落。前后堂楼都是七间二层，前出廊，东、西配楼各三间。内宅后为孔府花园，又名铁山园。园内花厅、凉亭、假山、鱼池分布有致，设计奇巧，古木虬藤，奇花异草，满园幽香。此外还有著名的“五君子松”，一株五干，内抱一槐，又称“五松抱槐”，是园中奇景。

孔子墓甬道

过孔子墓墓门之后便是甬道。

洙水桥坊是孔子墓甬道的第一道大门。洙水桥桥面拱起如虹，遮住人们北看墓道的视线，以示墓室深藏。

孔子墓甬道两旁共有四对八件石仪，从南往北依次为望柱、文豹、角端、翁仲。石仪作为石刻的一种，主要陈列于陵墓之前。石仪代表一种威慑力量，是活人向死人表示威严的一种特殊方式。

孔府的东路为家庙所在地，有抱本堂、祧庙、新祠堂、一贯堂、慕恩堂，还有接待朝廷钦差大臣的兰堂、九如堂、御书堂及酒坊等建筑。

西路有红萼轩、忠恕堂、安怀堂，是旧时衍圣公读书和学诗学礼、燕居吟咏之所，南北花厅为招待来宾的客室。

按封建礼制，孔府的规模之大已超过公府的定制，布局俨然是小型的宫殿。孔府在大门、二门、仪门、正厅等处，明间阑额上绘有宫廷“双龙捧珠”和玺彩画，反映

▼孔林

出它是拥有皇家特权的贵族府第。

孔庙、孔府原本离曲阜旧城5000米，明朝正德八年（1513），敕命曲阜县城移至孔庙、孔府所在地，将孔庙、孔府围在中心，以便保卫。由此可见孔庙、孔府受重视的程度。

孔林的威慑力量

▲孔林

孔林又称至圣林，与孔庙、孔府合称“曲阜三孔”。在曲阜城北1.5千米处，是孔子家族的墓地，已延续2400余年，堪称世界家族墓地之最。

这里“墓古千年在，林深五月寒”，四周高墙蜿蜒7.25千米，占地2.7平方千米，面积相当于曲阜城的两倍。园内有古树两万余株，四时不凋，是一处古老的人造园林。林下墓冢累累，碑碣林立。

千年洙水东西流过，水上有洙水桥石坊。桥后享殿五间。甬道两旁排列着北宋宣和年间石雕的文豹、甪端、华表、翁仲，再过享殿，便是红墙围绕的东周墓地。内有孔子、孔鲤、孔伋三代陵墓，另有楷亭、驻跸亭、子贡庐墓等建筑，有衍圣公孔令贻墓、孔毓圻墓、孔宏绪墓、孔闻韶墓、孔尚任墓，还有明代李东阳、严嵩，清代翁方纲、康有为等著名书法家的题刻。

孔林中最有代表性的建筑是万古长春坊、孔林大门和孔子墓。

万古长春坊位于孔林的林道上，石质结构，六柱五间五楼。坊长22.71米，宽7.96米。石坊上雕有盘龙、舞凤、麒麟、祥云等精美图案，气势宏伟，造型优美。

孔林大门，又称孔至圣林门，位于万古长春坊北、大林门前。木质结构，四柱三间三楼绿瓦顶，长11.35米，宽4.40米，坊间花板上雕“至圣林”三字。坊前有石狮一对。

孔子墓位于孔林中部偏南地段。孔子墓东西30米，南北28米，高5米。孔子墓地呈不对称形状，有墓垣围绕。墓地前有两块石碑，前碑为明代正统八年（1443）所立，黄养正书，后碑为元乃马真后三年（1244）孔子五十一世孙衍圣公孔元措立。两块石碑前有石供案、下酒池、石砌拜台以及砖砌花棂围墙等。

李冰建成都江堰

都江堰，人们称之为“中华第一堰”。在战国末期，蜀郡太守李冰修筑了伟大的都江堰水利工程，使9500平方千米的成都平原成为沃野千里的天府之国。虽然都江堰水利工程距今已有2200多年的历史，但依然发挥着巨大的作用。都江堰是一个科学、完整、极富发展潜力的庞大的水利工程体系，是巧夺天工、造福当代、惠泽未来的水利工程，是区域水系网络化的典范。都江堰是中国古代七大建筑奇迹之一，在中国乃至世界建筑史上，拥有无可比拟的地位。

治水引发的建筑奇迹

都江堰位于四川省灌县（现都江堰市）城西，坐落在成都平原西部的岷江上。岷江发源于松潘县羊膊岭，穿过深山大峡，汇集西川溪流于灌县城西。在没修都江堰之前，每到洪水季节，岷江的江水横冲直撞，四溢横流，使得下游的良田非旱即涝，粮食经常歉收，老百姓苦不堪言。

秦惠文王九年（前316），秦国吞并蜀国。为了将蜀地建成秦国的重要粮食基地，秦国决定彻底治理岷江水患。精通治水的李冰来到四川，担任蜀郡太守，一心治水。

李冰调查发现，岷江之所以经常发洪水，是因为岷江沿江两岸山高谷深，江水的落差大，导致水流湍急。湍急的岷江水流到灌县附近时，突然一下子进入一马平川的灌县江段，水流的冲击力变得更大，往往会冲决堤岸，泛滥成灾，淹没良田和农舍。另外，岷江水流到一马平川的灌县江段时，从上游带

▲李冰父子像

李冰

李冰，战国时期著名的水利工程专家。公元前256年至公元前251年，秦昭王任命他为蜀郡（今成都一带）太守。期间，李冰征发民工在岷江流域兴办许多水利工程，其中以他和其子一同主持修建的都江堰水利工程最为著名。其建堰的指导思想，就是道家的“道法自然”“天人合一”的思想。

▲都江堰

来的大量泥沙也容易淤积在这里，河床因此被抬高，水患就更严重了。灌县城西南面的玉垒山阻挡了向东流的岷江水，所以，每年夏秋洪水季节，灌县东面的良田无法引水灌溉，经常导致大旱，而灌县西面因为岷江的洪水泛滥，经常发生洪涝灾害。

李冰和他的儿子沿岷江江岸进行实地考察，制定了治理岷江的规划方案。李冰发现先前的蜀郡太守所凿的引水工程渠首（引水口）选址不合理，因而废除了这个渠首，把都江堰的渠首上移至成都平原冲积扇的顶部灌县玉垒山处，这样可以保证较大的引水量以及形成通畅的渠道网。于是李冰父子开始了都江堰的水利工程。

整个都江堰水利工程大致可分为两部分。一部分是渠首工程，由鱼嘴分水堰、飞沙堰溢洪道和宝瓶引水口三部分组成；另一部分是由若干条干渠、支渠组成的庞大水网，用来灌溉成都平原的良田。在这两部分中，渠首部分是最能显示李冰超凡智慧和高超建筑技术的部分。

筑造都江堰的建筑材料

在修筑渠首的过程中，李冰父子就遇到了一个难题，那就是如何在奔流的江水中筑造分水堰。李冰首先采用的是直接往江心抛石头的方法，但是急流的江水很快就将石头冲走了。无奈之下，李冰只好寻找其他建筑材料。

据史料记载，李冰在修建都江堰的过程中，先后使用过很多建筑材料。这些建筑材料都是就地取材的卵石、竹子和木材，但李冰巧妙地对这些材料做了一些改装，进而造出了四种新的材料，分别是竹笼、杩槎、羊圈和干砌卵石。

竹笼的材料来自河道中的卵石和周围的竹子。竹工将竹子编成长三丈、宽二尺的大竹笼，在大竹笼里装满鹅卵石，然后一个一个地沉入江底，就可战胜急流的江水。在治水过程中，这种竹笼用途广泛，除了用来筑造鱼嘴堰外，在进行堵口、施工截流时也用得上。

杩槎是由三根木桩绑扎而成的三脚架子。若干个杩槎相互交叉紧靠，加上土石料等辅助材料就形成了临时性的挡水工程。杩槎可以回收反复使用，所以在临时性的应急工程时往往选用杩槎。

羊圈，形同竹笼，但不是用竹子，而是用木桩构成框架，然后在框架内填大颗的卵石。羊圈比竹笼工程更稳固、更持久耐用，羊圈通常被用在激流顶冲处。

干砌卵石是指不采用任何胶结材料，只以卵石为材料，以专门的砌筑工艺完成修筑工程。干砌卵石用来修筑渠道基础、堤防、护岸等。干砌卵石做成的堤防和护岸，有良好的渗透性，有利于地表水的回归以及保护生态环境。

鱼嘴分水堰

▲鱼嘴分水堰

李冰通过竹笼这种建筑材料，战胜了急流的江水，筑成了分水堰。李冰之所以选择竹笼，是因为竹笼层层累筑，既可免除堤埂断裂，又可利用卵石间的空隙减少洪水的直接压力，从而降低堤堰崩溃的危险。

分水堰前端开头犹如鱼头，所以取名叫“鱼嘴”。鱼嘴将岷江分为内江与外江，起到了航运、灌溉与分洪的作用。西股的叫外江，是岷江的正流；东股的叫内江，是灌溉渠系的总干渠。总干渠的渠首就是负责引水灌溉的宝瓶口。岷江的江水经宝瓶口再分成许多大小沟渠河道，组成一个纵横交错的扇形水网，灌溉成都平原的千里农田。

李冰对分水堰的两侧也进行了加固处理，他用干砌卵石的方法修筑堤防，使得分水堰非常牢固。分水堰内江一侧的叫内金刚堤，外江一侧的叫外金刚堤，也称“金堤”。

分水堰建成以后，内江灌溉的成都平原就很少有水旱灾了。

飞沙堰溢洪道

在此基础上，为了进一步控制流入宝瓶口的水量，李冰父子又在分水堰的尾部修建了分洪用的平水槽和飞沙堰溢洪道。飞沙堰也用竹笼装卵石堆筑，飞沙堰高度不可过高，也不可过低，以接近岷江水的平常水位为宜。当内江的岷江水水位过高，形成洪水的时候，洪水就经由平水槽漫过飞沙堰流入外江，以保障内江灌溉区免遭水淹。

通过飞沙堰的作用，使得鱼嘴的分水量达到了合适的比例。春耕季节，内江水量大约占六成，外江水量大约占四成。洪水季节，内江超过灌溉所需的水量，由飞沙堰

▲飞沙堰

▲宝瓶口

自行溢出。

另外，由于漫过飞沙堰流入外江的水流，在飞沙堰的阻挡下形成了漩涡，在漩涡的作用下，宝瓶口前后沉积的泥沙就会被冲走。

控水量的宝瓶口

宝瓶口是节制内江水量的口门。为了控制内江流量，李冰父子做石人立在江中，作为观测水位的标尺。这说明李冰已基本掌握了岷江水位涨落的大致幅度。《史记·河渠书》记载："李冰劈开玉垒山，凿成宝瓶口。宝瓶口不仅是进水口，而且以其狭窄的通道形成一道自动节水的水门，对内江渠系起保护作用。此外，李冰还采取了在江心中构筑分水堰的办法，把江水分做两支，逼使其中一支流进宝瓶口。宝瓶口这一岩石渠道，十分坚固，千百年来在岷江激流冲击下，并未被冲毁，有效地控制了岷江水流。李冰修成宝瓶口之后，又开二渠，由永康过新繁入成都，称为外江；一渠由永康过郫入成都，称为内江。"这两条主渠沟通成都平原上零星分布的农田灌溉渠，都江堰水利工程的渠道网由此形成。

深淘滩，低作堰

李冰要求岁修都江堰，岁修的原则是"深淘滩，低作堰"。"深淘滩"是说深挖淤积，以免内江水量过小，不敷灌溉用；"低作堰"是说飞沙堰不可修筑太高，以免洪水季节泄洪不畅，造成洪涝灾害。

▲二王庙

岁修的方法是：每年水量最小的霜降时节，在鱼嘴西侧，用杩槎临时将外江截流，使江水全部流入内江，然后淘挖外江和外江各灌溉渠道的淤泥；外江岁修完毕，再用杩槎临时将内江截留，让江水流入外江，然后再淘挖内江河槽，并进行平水槽和飞沙堰的岁修工程；内江岁修完毕，撤除杩槎，开始放水灌溉。

都江堰是建筑奇迹

都江堰的修成，不仅解决了岷江泛滥成灾的问题，而且巧妙地让岷江水成为成都平原的灌溉水来源，灌溉面积达 300 多万亩。

都江堰是一项伟大的水利工程，也是一项建筑奇迹，是一个科学、完整、极具潜力的庞大的建筑体系。李冰利用这项水利工程，处理好了鱼嘴分水堰、飞沙堰溢洪道、宝瓶口引水口等主体工程的关系，使其巧妙配合，形成一个整体的治水建筑系统，发挥了分流分沙、泄洪排沙、引水疏沙的作用，将都江堰地区的水患彻底治理。自此之后，都江堰再无水患，成都平原成了天下粮仓。

印度桑吉窣堵波佛塔

桑吉窣堵波佛塔是印度阿育王时代的非凡的建筑代表作品，是印度宗教建筑的早期代表。这座建筑把宗教意义与象征意义融为一体，着重表现天与地、建筑与自然之间的密切关系，强调这种无形的力量要远胜于那些单纯的建筑形象美的原则。随着佛教的广泛传播，桑吉窣堵波的宗教建筑风格与特色在亚洲广泛流传。

阿育王是创建者

▲影视剧中的阿育王

桑吉窣堵波位于桑吉佛教古迹内，在印度首都新德里以南约 580 千米处。桑吉窣堵波是印度最大的一座窣堵波，建于公元前 250 年，据说是印度孔雀王朝的第三代君主阿育王斥巨资修建的。

当时，阿育王将佛祖释迦牟尼的骨灰分成 8.4 万份，并在全国各地建起 8.4 万座窣堵波保存骨灰。8.4 万座窣堵波中有 8 座位于新德里以南的桑吉村，历经 2000 多年，8 座中仅存 3 座。其中的桑吉窣堵波经过多次扩建，成为现存最早、最大而且最完整的佛塔。

需要提到的是，印度的窣堵波是佛塔的雏形，是用来掩埋佛祖释迦牟尼或其他圣徒的舍利的。据说是一种外形是半圆形的建筑，样子像坟墓，又像倒扣着的饭钵，所以这种造型也叫“覆钵”。之所以选择这种外形，是因为这种外形有象征天穹的寓意，显得非常庄严肃穆。

佛塔的建造者阿育王，约在公元前 273 年称王，但直到公元前 268 年才正式即位。大约在公元前 259 年，阿育王开始接近佛教，利用它来更加有效地统治自己的国家，使“战鼓之

阿育王

阿育王（约前 304—前 232），又称无忧王，是印度孔雀王朝的第三代君主。阿育王是一位虔诚的佛教徒。阿育王的知名度在印度帝王中是无与伦比的，他对历史的影响同样也可居印度帝王之首。阿育王用佛教的精神作为治理国家的主要原则。他的这种原则并不是空想主义，而是具有相当的现实性的。他虽然是佛教徒，但是对其他宗教也很宽容，容许它们的存在，婆罗门教、耆那教都得以共存。

声”变成“诵经说法之声”。

阿育王对佛教的大力扶持，一方面体现在他直接参与指导僧团的活动中，一方面则体现在广建寺庙佛塔。后者直接导致了阿育王时代佛教建筑的辉煌成就。

桑吉窣堵波就是这辉煌成就中的一个非凡的代表，桑吉窣堵波不仅具有历史与宗教的价值，而且极富艺术价值。桑吉也因为桑吉窣堵波，一度成为印度佛教的中心地。

▲桑吉窣堵波

桑吉窣堵波的构造

桑吉窣堵波又称桑吉大塔，是一个半球形、十分独特的坟冢建筑物。它的中央是突起的覆钵形。这种造型借鉴了古印度北方竹编抹泥的半球形房舍。其庞大的半球形建筑物是用砖砌筑成的，外面抹有一层红色的砂石。这个半球形建筑物直径32米，高12.8米，坐落在4.3米高的台基上。围绕着半球体建筑物，有一圈高3.3米的仿木式石栏杆，栏杆外四面各辟有一座砂石塔门牌坊。其中最古老的南门牌坊建于公元前75年至公元前20年之间。牌坊高约10米。每座牌楼上有三道横梁，模仿木结构的式样，造型独特。牌坊的两面覆满了浮雕，雕刻的内容是佛祖故事和动植物形态展示，此外还有用婆罗门文字雕刻的捐赠者的名单。整个牌坊比例匀称，形式独特而轻快。另外，半球形建筑的圆顶上建了一个方形的亭子，亭上冠戴着3层华盖，这华盖被称为“相轮”，象征着极乐世界。

▼桑吉窣堵波的牌坊

大塔和4座牌坊上的浮雕及优美的人物雕像，吸收了波斯、希腊的建

印度佛教建筑类型

佛教建筑的种类主要有窣堵波、塔和石窟。

窣堵波主要用来掩埋佛祖释迦牟尼或其他圣徒的舍利，外形像坟墓，又像倒扣着的饭钵。随着历史的发展，印度某些地方的窣堵波造型逐渐发生变化，逐渐演变成新的建筑类型——佛塔。

石窟是古印度人在坚硬的山岩峭壁上开凿的，以供僧人修行或信徒进行宗教仪式之用的各种洞穴。石窟一般在门口做一个火焰形的门洞，主要空间藏在山岩里，光线很灰暗。

筑及雕刻艺术，雕刻技术精湛，堪称稀世之珍。

桑吉窣堵波的象征色彩

桑吉窣堵波的整体建筑完整统一，雄浑古朴，庞大的规模加上砖石砌体的不可动摇的稳定感和重量感，使整个建筑具有很强的纪念意义。

桑吉窣堵波长期以来被看作是佛祖的化身，具有印度教特有的浓郁的象征主义色彩。这种象征意义具体表现在：四座牌坊代表四谛；石栏杆形成的回廊表现轮回教义；圆冢相当于圣殿；半球形建筑顶上的三层华盖的小亭是王权的标志；伞柄象征宇庙的立轴。因此，桑吉窣堵波在笃信佛教的印度人民心目中享有极崇高的地位。

桑吉窣堵波是印度宗教建筑的早期代表。这座建筑把宗教意义与象征意义融为一体，着重表现天与地、建筑与自然之间的密切关系，强调这种无形的力量要远胜于那些单纯的建筑形象美的原则。印度宗教建筑的特色在桑吉窣堵波中得到了充分体现。随着佛教的广泛传播，桑吉窣堵波的宗教建筑特色也在亚洲广泛流传。中国元代流行的覆钵式喇嘛塔、缅甸的大金塔与泰国的锥形塔等佛教建筑都受到桑吉窣堵波的影响。

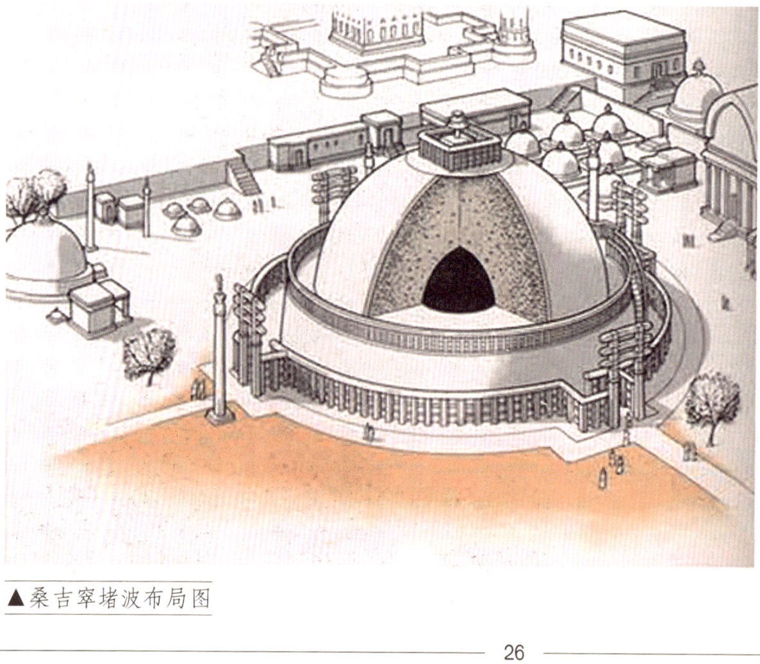

▲桑吉窣堵波布局图

印度阿旃陀石窟开凿

阿旃陀石窟是印度古代建筑艺术之集大成者。它是在印度漫长的历史长河中，在绽放出的众多绚丽艺术之花中，最独特的、最壮丽的石窟艺术奇葩。阿旃陀石窟以其高超的建筑艺术以及窟内的精美壁画闻名于世，有人认为它是继泰姬陵之后印度的第二大建筑奇迹。

阿旃陀石窟的开凿时期

阿旃陀石窟位于印度马哈拉施特拉邦奥朗加巴德城以北 106 千米处。在这山幽谷深的盛景中，有一处月牙形的峡谷让人心魂震颤，在峡谷的悬崖峭壁间错落有致地排列着 29 个石窟，这些石窟就是名扬世界的阿旃陀石窟。作为印度佛教建筑的经典之作，阿旃陀石窟的建筑、石雕和壁画，其高超技艺堪称绝世之作。

“阿旃陀”一词来源于梵文，意思是“无想”“无思”。阿旃陀石窟是印度古代佛教徒开凿出来的佛殿和僧房。相传，石窟始建于公元前 2 世纪至 1 世纪，公元 4 世纪至 6 世纪的笈多时期又大规模扩建、修饰，于是增加了很多绚丽多彩的石窟。

▲阿旃陀石窟的外观

阿旃陀石窟开凿于孔雀王朝时期。当时的阿育王将佛教定为国教，虔诚的佛教徒们便开始开凿阿旃陀石窟以敬奉佛祖。阿旃陀石窟的开凿，断断续续地持续了将近 1000 年，后来便逐渐荒废，消失在历史的迷雾里。印度的历史文献也没有这座石窟的记载。直到 638 年，中国唐代高僧玄奘来到南印度

印度的石窟

石窟原是印度的一种佛教建筑形式。佛教僧侣们为了修行，常在崇山峻岭的幽僻之地开凿石窟。古印度是世界上最早开凿佛教石窟的地区。中国的石窟起初是仿印度石窟的体制开凿的，后来才发展出独特的风格。印度石窟的格局大抵是以一间方厅为核心，三面凿几间方方的修行用的小禅室，窟外为柱廊。

摩诃剌陀国，他在《大唐西域记》中记载了阿旃陀石窟的全貌，这是截至目前发现的记载阿旃陀石窟的唯一历史文献。

两个阶段与两种形式

阿旃陀石窟的开凿持续了将近 1000 年，因而没有总体的设计方案。这些石窟是在不同的时期，依据地理条件开凿出来的。

▲阿旃陀石窟入口

在阿旃陀石窟开凿的这 1000 年中，有两个高潮阶段。第一个高潮阶段始于公元前 1 世纪至公元前 2 世纪的摩揭陀国孔雀王朝阿育王时期，前后延续了 200 多年，共完成 8 号、9 号、10 号、12 号、13 号窟以及 15A 窟。此后，石窟的开凿工作沉寂了近 400 年。直到 4 世纪，时值笈多王朝的强盛时期，造窟热潮再度兴起，此次造窟热潮也持续了 200 多年，直到 6 世纪末，此次造窟热潮才归于沉寂。

阿旃陀石窟的建筑形式可分为两种：一种是支提洞，另一种为毗可罗洞。

所谓支提洞，是佛殿的意思，指的是藏放舍利的塔庙。这里的 9 号、10 号、19 号、26 号、29 号窟为佛殿。佛殿当中置窣堵波，内殿四周建造列柱。内部分为中堂、耳室、圆室、舍利塔和拱顶五部分。佛殿顶部呈拱形，佛殿内部空间是马蹄形，殿后部设有佛台。

毗可罗洞即僧房，是僧人居住、讲学、集会、修道的场所。这里的 29 个石窟中，除 9 号、10 号、19 号、26 号、29 号窟之外，其余均为僧房。僧房内有门厅、门道及石室，厅内供奉有佛龛。位于石窟两侧的石室一般均为小间的卧室，内部陈设简单，内有一两张简单的石床和石枕。

石窟内有精美的壁画和精工细凿的雕刻，因建成时间不一，各具特色。僧房是正方形，洞的正面有石柱，前方有走廊，中间为集会的场所，三面围以僧人的住房。

阿旃陀石窟中有大量的雕刻、壁画。雕刻分为雕像和浮雕两类。在石窟中，装饰性的浮雕布满列柱、壁柱，各种花卉图案精细繁密，色彩艳丽夺目。而巨型雕像一般表现的都是佛祖及其他菩萨，这些雕像所反映的人物鲜明生动，人体比例正确，给人以优雅、肃穆、淳厚的美感。

▲阿旃陀石窟内景

值得称道的是，浮雕中还会表现活泼可爱的小矮人、手执花环和念珠遨游云间的神女、狂奔疾驰的鹿、傲然雄视的狮子以及殊死搏斗的水牛、大象等等。

阿旃陀石窟的建筑风采

阿旃陀石窟的 29 个洞窟分布在河谷南侧陡峭的岩壁上。这些石窟沿瓦格拉河的流向，呈圆弧形排列在长 550 米、高 76 米的断崖上，它们距离河面大约 10 米到 35 米。

每个石窟的大小不一，最大可达 15.8 米。石窟一般是方形的，内部装饰差别很大，有的简单，有的富丽，有的带有门廊。石窟中间部分是由石柱支撑的大厅，正对门最里面的佛龛则供奉着佛像。29 个洞窟的建筑风格差异很大，其中编号 9 的石窟是早期佛殿的代表。它于公元 1 世纪建成，为小乘佛教的僧舍。

9 号石窟在设计之初，就把象征主义的建筑手法运用到了极致。石窟本身代表佛的心灵身体；舍利塔代表佛的涅槃；石窟的拱顶刻上一条条线状石条，代表佛的肋骨。石窟门口两侧的佛像雕刻是后来添加的，故具有大乘佛教的风格。

在石窟门外，当地人会用一块反光板将阳光反射进去，以讨取小费。顺着光线望去，石拱下的覆钵塔时隐时现。

10 号窟和 9 号石窟一样，也同样开凿得很早。10 号窟上雕刻有精美装饰的马蹄形窗户，窟内的一排排柱子支撑着的圆形顶部，形成了独具特色的石窟建筑形态。10 号

▲阿旃陀石窟壁画

▲阿旃陀石窟雕像

窟前面有一条山路，直通往小溪而到对面的山头。可能最早来阿旃陀的佛教徒就是从这里攀岩凿洞的。

阿旃陀的佛殿窟，规模最大的是26号窟。它内部两层高，顶部为圆筒形。在26号窟里，初期里面供奉着纯粹的佛塔，后期在前面刻有佛像。

第1窟是7世纪所建，是大乘佛教建筑中最光辉的部分。石窟内的正前方是一尊高约3米的释迦牟尼石雕像，从中、左、右三个角度看去，能看到佛祖面部欢乐、痛苦和冥想的三种表情。窟中还有几尊大菩萨像，无论在外表，还是内心世界的表现手法上，都达到了炉火纯青的程度。1号窟的门楣雕镂极为精致，拱门和六根大柱上雕有飞天和仙女。

第19窟的建筑艺术水平很高，于5世纪左右修建。洞窟的门上有龙王携妻图，庙柱、飞檐、壁龛上有各种雕像，其雕刻工艺之精美、表情之生动，可同中国的敦煌、云冈、龙门石刻媲美。这一石窟为佛教鼎盛时期寺庙建筑的最好代表。

阿旃陀石窟的影响

阿旃陀是佛教石窟发源地之一，对后期的佛教石窟艺术有很大的影响。

阿旃陀石窟的每一窟都是无价的艺术品。在佛教东渐之后，阿旃陀石窟艺术也随之传入了中国、朝鲜、日本以及东南亚一些国家和地区，并对当地的石窟建筑产生了重要的影响。后人将其建筑风格发扬光大，也就出现了1世纪的巴米扬大佛，3世纪的龟兹石窟，4世纪的敦煌石窟，5世纪的云冈石窟、龙门石窟以及栖霞精舍千佛岩等等。这些石窟中有不少就是阿旃陀作品的再现。

阿旃陀石窟自1819年再度被发现以来，一直为世人关注。这里的建筑、壁画不仅艺术价值奇高，而且具有很重要的洞窟建筑的史料价值。

秦始皇死前建皇陵

秦始皇陵是世界上最大的地下皇陵，是中国历史上第一个皇帝陵园，据估其巨大的规模、丰富的陪葬物居历代帝王陵之首。秦始皇陵更集中了秦代建筑技术的最高成就。

秦始皇陵

秦始皇陵位于陕西省西安市以东 35 千米的临潼区境内，分陵园区和从葬区两部分，占地近 8 平方千米，建内、外城两重，封土呈四方锥形。虽然陵墓尚未打开，但估计其巨大的规模、丰富的陪葬物将居历代帝王陵之首。

秦始皇陵是秦始皇下令于公元前 246 年至公元前 208 年修建的，是中国历史上第一个皇帝陵园，也是世界上最大的地下皇陵。秦王朝是中国历史上辉煌的一页，秦始皇陵则集中体现了秦代建筑文明的最高成就。

▲秦始皇

陵址有讲究

秦始皇执政于都城咸阳，为什么陵园却要选在远离咸阳的骊山？

秦始皇陵墓位置的确立与秦国前几代国君墓的位置不无关系。秦始皇陵园选在骊山脚下依据的是晚辈居东的礼制。秦始皇先祖们已确知葬在芷阳的有昭襄王、庄襄王和宣太后。既然先祖墓均葬在临潼县以西，而作为晚辈的秦始皇只能埋在芷阳以东了。

秦始皇陵墓位置的选择也与当时“依山造陵”的建筑文化相关。春秋时代开始，各诸侯国国君相继兴起了“依山造陵”的风气。春秋时期的秦公墓也受这种观念的影响，有的“葬西山”，有的葬在陵山附近。秦始皇陵墓建在骊山也完全符合“依山造陵”的传统观念。它背靠

秦始皇

秦始皇名嬴政（前 259—前 210），生于河北邯郸，秦庄襄王之子，13 岁继承王位，在位 37 年，是首位完成华夏大一统的政治人物，采用三皇之“皇”、五帝之“帝”构成“皇帝”的称号。秦始皇在中央创建皇帝制度，实行三公九卿，管理国家大事。地方上废除分封制，代以郡县制，同时又书同文、车同轨，统一度量衡。这些举措为建立专制主义中央集权制度开创了新局面，奠定了中国两千余年政治制度的基本格局。

骊山、面向渭水，山势起伏，重峦叠嶂，很有气势。

独具匠心的总体布局

秦始皇陵的陵园总体布局颇具匠心。

陵园仿照秦国都城咸阳的布局建造，大体呈“回”字形。陵园占地近 8 平方千米，建内、外城两重，陵园内城垣周长 3870 米，外城垣周长 6210 米。可惜的是，当年那长达 10 千米的内外夯土城垣早在两千多年前就遭到项羽的焚烧。

▲秦始皇陵陵区

秦陵地面上的主要遗迹就是那座高大如山的封冢。根据考古推测，封冢北侧的地面建筑群的建筑规模较大，形制讲究的建筑物是陵园祭祀的寝殿。寝殿之北还有两组规模较大的寝殿。封冢西侧的内外城垣之间，有 31 座珍禽异兽陪葬坑。在封冢东侧，考古工作者先后发现了两处陪葬坑和一处陪葬墓。外城垣以东 1225 米处就是著名的三个兵马俑陪葬坑。

秦始皇陵共发现 10 座城门。封冢的北边是陵园的中心部分，东西北三面有墓道通向墓室。

秦始皇陵园的总体布局有以下显著特点：

一、在布局上体现了一冢独尊的特点。秦始皇陵园内只有一座高大的坟墓，和战国时期其他诸侯墓地同时有几座大墓的格局不同。

二、封冢位置也有别于其他国君陵园。其他国君陵园大多是将封冢安置在“回”字形陵园的中部，而秦始皇陵封冢位于内城南半部。

三、陵室严密的防盗系统。秦始皇陵地宫的周边填了一层很厚的沙子，形成沙海。因为这些沙海，盗墓者无法通过挖洞进入墓室。此外，秦陵地宫中有大量的水银，水银蒸发的气体中含毒，也会把盗墓者熏死。由此可见，秦始皇陵的防盗体系是相当严密的。

秦始皇陵是中国历史上第一座帝王陵园，是中国古代人民勤奋和聪明才智的结晶，是一座历史文化宝库。在所有古代帝王陵墓中，秦始皇陵以规模宏大、埋藏丰富而著称于世。

▲秦始皇陵地宫模型

令人向往的地宫

地宫是陵墓建筑的核心部分，位于现封土堆下，是放置棺椁、随葬品的地方。考古发现地宫面积约 18 万平方米，中心点的深度约 30 米。

在距现地表 2.7 ～ 4 米深处，经考古工作者勘探，发现了地宫的宫墙。北侧宫墙东西长 392 米，东西侧的宫墙南北长 460 米，墙体宽和高约为 4 米。宫墙用未经过焙烧的砖坯砌成。宫墙四侧有门，东边发现五条墓道，北边、西边各有一条墓道。西边的墓道东端还有相互连接的两个并排耳室，第一耳室面积为 300 多平方米，第二耳室面积接近 300 平方米。墓

俑

俑是以陶、木、青铜等材料制作的小型人像，目的在于代替活人随葬。俑的前身是殉葬的活人。人殉极其残酷，在商和西周非常盛行。随着春秋战国时代奴隶制的崩溃和封建制的兴起，用奴隶作为人殉的习俗也被迫改变，以人形模拟物随葬的方法日益普遍，并开始用泥、陶、木来制作模拟人形，这就是俑。秦始皇陵兵马俑，形体比人略高，陶制，是已知最大的俑和最著名的俑。

▲秦始皇兵马俑

室的北侧有两座门阙建筑遗址，门阙位于封冢北边的中部，东距现封冢东边沿百余米，西距现封冢西边沿也有百余米，北至现封冢北边沿近 30 米，面积近 5000 平方米。另外，在陵北墓道旁边也有面积近 2000 平方米的两个土木结构的地下建筑。

有关地宫的结构，据《史记·秦始皇本纪》记载，在陵墓内部，棺材放在用铜加固的基座上，墓室里面放满了奇珍异宝。墓室里还注满水银，象征江河湖海；墓顶镶着夜明珠，象征日月星辰。墓室内还设有机关，盗墓的人一靠近，机关里面的毒箭就会将其射死。

惊世的兵马俑坑

兵马俑坑是秦始皇陵的陪葬坑，位于陵园东侧 1225 米处，被誉为“世界第八大奇迹”。兵马俑坑现已发掘 3 座，这 3 座俑坑坐西向东，呈“品”字形排列。

坑内的陶塑兵马俑是仿制的秦宿卫军，它们分别组成了步、弩、车、骑四个兵种。

在地下坑道中的所有卫士都是面向东方放置的。据钻探得知共有三个陪葬坑，其中一号坑最大，它东西长 230 米，南北宽 62 米，深 5 米左右，与真人、真马大小相似，排成方阵的 6000 多个武士俑和拖战车的陶马被放置在坑中。二号坑是另一个壮观的兵阵，南北宽 84 米，东西长 96 米，面积有 9216 平方米。二号坑内有多兵种联合阵容，包括步兵、车兵、骑兵和弩兵等。三号坑南北宽 24.5 米，东西长 28.8 米，面积为 500 多平方米。三号坑内保存有一辆战车，68 个卫士俑以及武器。

三个兵马俑坑成“品”字形排列，面积共达 2 万平方米以上。其中一号坑为“右军”；二号坑为“左军”，也是秦俑坑的精华所在；三号坑是统率地下大军的指挥部。这个“品”字形的军阵是秦国军队编组的缩影。秦俑的写实制作方法作为中国雕塑史上承前启后的艺术为世界瞩目。

秦始皇陵是世界上规模最大、结构最奇特、内涵最丰富的帝王陵墓之一。它充分表现了两千多年前中国人巧夺天工的建筑才能。

修建长城由来已久

长城是中国古代七大建筑奇迹之首。长城又称“万里长城”，是中国古代在不同时期为抵御塞北游牧部落侵袭而修筑的规模浩大的军事工程的统称。长城始建于春秋战国时期，以后各代不断加固或重修，从而形成今天这样的壮观规模。

年代久远的秦长城

早在春秋战国时期，各个诸侯国就开始修筑长城，用来抵御北方匈奴的入侵，但这些诸侯国各自修建的长城长短不一，短的只有几百米，长的也不过一两千米。不过，万里长城之名，倒是从秦始皇才开始的。

公元前215年，秦始皇派大将蒙恬率30万大军北击匈奴，取河南地。为了防止北方游牧民族的侵袭，筑起了西起临洮（今甘肃省岷县）东至辽东郡（今辽宁省）的万里长城。

▲今日长城奇观

秦长城多半修筑在山峦北坡，多用夯土筑成，也用石砌或土石混筑。一般石砌长城遗迹保存尚好，如包头的秦长城就保存良好，特别是包头市固阳县九分子乡一段，总长约12千米，城墙外侧有5米高，内侧有2米高，顶宽2.8米，底宽3.1米，墙体多以黑褐色厚石片交错叠压垒砌而成。这是把附近的山石一块块切割下来，磨平后干砌在城上而筑成长城的。这段石筑长城历经2200多年的风吹日晒、雨雪冲刷，也没有损坏，只

秦长城的大致规模

秦长城西起甘肃省岷县，沿洮河向北至临洮县，由临洮县经定西市南境向东北至宁夏固原市。由固原向东北经甘肃省环县，再经陕西省靖边、横山、榆林、神木，然后折向北至内蒙古托克托县南，到达黄河南岸。黄河以北的秦长城则由阴山山脉西段的狼山，向东直插大青山北麓，经内蒙古集宁区、兴和县到达河北省尚义县境。由尚义县向东北经河北省张北、围场诸县，再向东经抚顺市、本溪市，止于朝鲜。

燕长城与万年灰

春秋战国时期，燕国开始修建长城，但那时还没有石灰，燕国的长城都是用泥抹的。为了早日修好城墙，冬天时，燕国的民夫还得修建长城。因为天冷，和泥得用热水，民夫就在石头上支锅烧热水。由于锅破，热水便洒在烧热的石头上，烧热的石头遇到水就炸开了，便炸出许多白面面。有个人把这些白面面用水和了和，抹在石条和砖缝间，惊奇地发现这要比用泥抹结实得多。燕国人得到了启发，从此便烧这种石头灰来抹城墙缝。这种烧制的石头灰质量非常好，被后人称为“万年灰”，意思是万年不变质。如今，我们称呼这种“万年灰”为石灰。

后来，秦始皇统一了中国，正式修建万里长城，也用燕国人发明的万年灰来抹城墙缝。

▲秦长城遗址

是长城上的石块由原来的青色、淡黄色氧化成了黑色和棕黑色了。站在山顶处，依然可见断断续续的长城遗迹，尚能辨清古代烽火台和障城的遗迹。

秦长城雄伟壮观，是我们中华民族的瑰宝，也是世界建筑史上的奇迹。

在秦长城固阳段，还有保存良好的秦长城烽火台4座，这些烽火台多设在视野宽广的山巅。这些烽火台之所以保存完好，是因为烽火台也都以石块筑成。离烽火台不远的高地上，有房子坍塌后留下的石墙圈遗迹，房顶已不复存在了，这乃是驻兵的哨所。在重要的山口和关隘处，往往有城障，城障是附属于长城的军事城堡。

秦始皇在修长城的时候，也对春秋战国时期的一些长城进行了拆除。在春秋战国时期，诸侯称霸，各自筑长城，不仅为了防备匈奴入侵，也为了自卫。这样一来，长城成了诸侯割据的屏障。因此，秦始皇在统一天下之后，立即下令拆毁各国的长城、关隘，“移去险阻”。

秦始皇统一中国，大兴土木，不仅修建长城，还修建阿房宫等重大工程，占用过多劳动力，生产受到影响，人民生活痛苦。后来爆发了陈胜、吴广起义。民间流传“孟姜女哭长城”的故事，就表现了大量农民脱离生产、修筑长城的凄苦。

工程浩大的明长城

明朝十分重视北方的防务，明太祖朱元璋获得天下时，为了巩固其统治，十分重

▲明长城

视筑城设防的措施。明朝不仅对全国各州府县的城墙都修筑得十分坚固，而且长城的修筑工程更为浩大。

在明朝的 200 多年中，一直没有停止过对长城的修筑和巩固。明朝修建长城不再用土筑的方法，而是全部改用砖砌，工程技术有了很大的改进，使得长城结构更加坚固，防御的作用也更大了。

明朝的军事防御工程不仅是长城，而且在东北、西北和东南沿海以及全国各地都修筑了城防、关隘。这些城防、关隘与万里长城共同构成了明朝的防御工程体系。

嘉峪关

嘉峪关是长城的西端起点，在今甘肃省嘉峪关市区西南 6 千米处，位于嘉峪关最狭窄的山谷中部，是长城西端的第一重关。地势最高的嘉峪山上，城关两翼的城墙横穿沙漠和戈壁，向北 8 千米连黑山悬壁长城，向南 7 千米接天下第一墩。这是现代万里长城西端的主宰，自古为河西第一隘口。嘉峪关始建于明洪武五年（1372），先后经过 168 年的修建，成为明万里长城沿线极为壮观的关城。

朱元璋在建国后的第一年，即洪武元年（1368），就派大将军徐达修筑居庸关等长城，到了 1600 年前后，经过了 200 多年的时间，才基本完成了万里长城的修筑工程，而一些个别城堡的关城一直到明末还在修筑。明长城东起鸭绿江，西达嘉峪关，全长 7300 多千米。如今，一些明长城已经毁坏，但从山海关到嘉峪关这一段工程较为坚固，至今保存较为完整。

▲嘉峪关

明朝还在重要的关隘处，特别是在当时的京城北京的北面居庸关、山海关、雁门关一带，修筑了多达20多层的城墙，并在长城上设立了许多堡城、烟墩（烽火台）用来瞭望敌况和传递军情。

明朝正德年间，明朝政府在宣府、大同一带修筑了烟墩3000多座。明朝防御体系分成镇城（镇守或总兵驻地）、路城、卫所城、关城、堡城、城墙、墙台、敌台、烟墩等等不同的等级以及不同形式和不同功能的建筑物。这些建筑物和城墙，共同构成了一道城堡相连、烽火相望的万里防线。

▲烽火台

明长城的主体部分由城墙、关城、城堡、墙台和烟墩等组成。

城墙的墙体根据不同的材料分为砖墙、石墙、铲山墙、山险墙、木柞墙、壕榨等类型。

砖墙、石墙，顾名思义，是用砖头、石头建成的。砖石结构的长城以北京居庸关为代表，用整齐的条石砌成墙身外侧，内部填充灰土、碎石，顶部用青砖砌成垛口、女儿墙。

铲山墙是指将天然山体铲削成陡立的墙壁；山险墙一般依靠峻峭的山脊用砖石垒砌；木柞墙指树林中的木栅栏墙；壕榨指挖掘壕堑后，于一侧培筑土垣而成的防御工程。

长城的城墙顶面，一般都外设垛口，内砌女儿墙。垛口开有隙望孔和射孔。墙身内侧间隔修砌券门暗道，以供守城士卒上下走动。

明长城关城是出入长城的通道。一般关城都建两重或数重，关城上筑城楼和箭楼，其间用砖石墙连接成封闭的城池。有的关城还筑有瓮城、角楼、水关或翼城，城内建登城马道，以备官兵驻屯。

明长城的城堡按等级分为卫城、守御或千户所城和堡城，按防御体系和兵制的要求配置在长城内侧。卫城周长3～5千米，千户所城周长2～3千米，砖砌城墙，外

里外长城

自居庸关以西，明长城分南北两线，这南北两线长城遗址向西延伸，一直到山西偏关附近，便与老营相合。这南北两端长城被称之为内外长城或里外长城。

里长城从居庸关西南向，经河北易县、涞源、阜平而进入山西的灵丘、浑源、应县、繁峙、神池而至老营。

外长城即自居庸关西北经赤城、崇礼、张家口、万全、怀安而进入山西的天镇、阳高、大同，沿内蒙古、山西交界处到达偏关、河曲。

设马面、角楼，城门建瓮城，城内有衙署、营房、民居和寺庙。堡城或称边堡，城内有驻军营房、校场、寺庙，边堡同长城的间距一般不超过5千米。

在明长城上，约间隔300米设一座墙台，突出墙外，台面与城墙顶部相平。墙台外砌有垛口，用于对攻城之敌进行侧击。

明长城的烟墩也称烽燧、烽堠、墩台、亭、烽火台等，是一种白天燃烟，夜间明火以传递军情的建筑物。多建于长城内外的高山顶，或在易于瞭望的丘阜或道路折转处。今河北省、山西省交界处的内长城，因山势险峭、依山为障而未筑墙，仅在山隘谷口、河流折曲崖岸处建砖砌空心烟墩。

▲山海关长城

▲山海关

山海关的建筑特点

明长城的关口很多，每镇所辖关口多至数百，十一镇长城的关口总计在1000个以上。山海关是明代万里长城东部的一个重要关口。

传说：山羊驮砖

当年修建长城时，用砖数量之大是非常惊人的，而长城多修在险峻的山里，马车无法行走，所以运砖只能全靠人工。一天，一个放羊的孩子来到这里放羊，他看到人工搬砖很辛苦，灵机一动，把一根绳子两头各捆上一块砖，搭在山羊身上，然后，用手拍一下羊背，山羊驮着砖一溜小跑就爬上了山。人们纷纷仿效，大量的砖头很快就运上了山。

山海关在河北省北部秦皇岛市的东北，依山临海，形势险要。山海关的“天下第一关”城楼建于高大的城台之上，城楼为一座三间两层歇山顶的建筑。城楼高10米，上层宽17米，下层宽20米。城楼东、南、北三面共开有箭窗68个，使得城楼变成了一座箭楼，更显示出这座城楼的凛然气势。城台下有砖砌券门通向关外。

山海关的关城为四方形，并有宽10米、深8米的护城河围绕，有东、西、南、北四个关门：东门叫镇东，西门叫迎恩，南门叫望洋，北门叫威远。

在关城的东西两头又筑有东、西罗城，以为前卫。万里长城自关城向两侧伸展，南面伸入大海之中，北侧直上燕山。距关城不远又有南翼城、北翼城各一，为屯兵之处，南北拱卫。在山海关关城的东门外，又有许多城堡、烟墩作为前哨。

山海关关城不是一个孤立的建筑，而是与关内外的长城、城堡、关隘等建筑共同构成的一个完整的防御工程体系。

宏伟的八达岭长城

八达岭位于居庸关北口，是居庸关的门户。

▼八达岭长城

八达岭这一名称是由于这里南面通向南口、昌平、北京，北面通向延庆、永宁，西面通向沙城、宣化、张家口，道路四通八达，所以称之为八达岭。

八达岭这里两山夹峙，中通一径，在岭口之间有一小小关城，长城即从关城的南北两侧依山而筑。

八达岭关城为一不规则的四方形，东西两面各有关门一座，东门题额曰“居庸外镇”，西门题额曰“北门锁钥”。八达岭一带的长城工程浩大，不是短时间所能完成的，其陆续修建了近100年的时间才陆续完工。

▲居庸关

在长城的布局上，八达岭一带的长城仍属内长城，八达岭关城属于“内口”，在张家口、万全、赤城、阳高一线还有一道外长城。在八达岭距离不远的地方，又有一道重城和烟墩遗址，这说明了长城是重重设防的部署。

八达岭原为隘口，后建关城，后来逐渐增建为长城，并修筑敌楼、墩台。八达岭长城的主要建筑有岔道城、城墙、敌楼、墩台、城台和战台。

八达岭长城的岔道城是一座气势雄浑、建筑坚固的大城堡，在八达岭长城中起着十分重要的军事防御作用。

八达岭长城城墙高6～9米，平面呈梯形，底宽6.5～7.5米、顶宽4.5～5.8米。城墙两侧用花岗岩石条包砌，无论是陡峭的山坡还是平缓地段，石条均逐层水平垒砌，纵横交错，横架竖垒，咬合成一体，合缝处灌以灰浆。城墙墙顶两边有砖砌矮墙，外侧叫雉堞或垛墙，内侧叫宇墙或女儿墙。垛墙为迎敌面，垛口之间距离约1米。垛口的砖是特制的，外宽内窄，观察面大。挡垛上部设有瞭望孔。城墙顶部的两边墙根砌有小水槽，积水沿水槽流到较低处的宇墙下部，经出水孔把水引至墙外的吐水嘴上，泄流城墙外。城墙每隔一定距离，即开有一个登城口。

八达岭长城敌楼共有43座，一般敌楼为两层，高10米，长宽均10米。全部为砖石结构。两层均有射击口、瞭望口和吐水嘴，楼上有垛口。

传说：冰道运石

当初修建长城时，需要成千上万块长2米、宽0.5米、厚0.3米的石条，工匠们在高山上将石条凿好后，却因为路陡，无法运输。眼看隆冬季节就要到了，再不运走，就要被朝廷怪罪，石匠们非常着急。这时有人想出一个主意，等到滴水成冰的隆冬来临时，在高山石料场与长城工程现场之间修一条路，再在路面上泼水，让其冻结成一条冰道，然后把石条放在冰道上滑行运输。就这样，用这种方法，石条非常顺利地运到了长城工程现场。

▲玉门关遗址

八达岭长城外的东、西山上，各有一座墩台。墩台高均17米，周围建小城，高6米，上设悬楼垒木，下设壕堑吊桥，外设塌窖陷阱，不修台阶，以绳梯上下。

城台又称墙台，指稍高出长城墙顶，四周砌有堞墙、垛口、射洞等的平台型建筑。这是士兵们的巡逻放哨之处，以及发生战争时用来进行据守防御的地方。

战台常修筑于长城沿线的交通要道或地势险要之处，为碉堡式建筑，内可储兵器、弹药及其他战略物资。据明代刘效祖所著《四镇三关志》记载，在戚继光的规划和督办下，从山海关至北京的长城沿线，共筑敌台、战台1200余座。

玉门关和阳关

玉门关位于甘肃省敦煌西北小方盘城，阳关在其东南。玉门关和阳关是万里长城历史最为悠久、地位最为显要、遗址尚存、文化内涵最为丰富的雄关古塞之一。

据《史记·大宛列传》记载，汉武帝元鼎六年（前111），赵破奴在大破匈奴之后，就大修河西长城，一直修到了玉门关、阳关。其后又把长城修到了疏勒（今新疆喀什地区）等地。

玉门关、阳关长城的一个重要的特点是修筑方法十分巧妙。玉门关和阳关附近都是戈壁沙漠，既无山石又无泥土这些修筑长城的基本材料，有的只是沙砾、红柳、苇坑。而2000多年前修筑长城的军士、工匠们则巧妙地利用了红柳枝条和苇秆，层层铺筑，修造起高大的城墙。

▲阳关遗址

万里长城是我国古代一项伟大的防御工程，它凝聚着我国古代人民的坚强毅力和高度智慧，体现了我国古代工程建筑技术的非凡成就，是中华民族的骄傲。

第三章
东方古代建筑的高潮期

中国古代建筑从北魏后期到隋朝，进入了发展的高潮期，这以隋朝开凿的京杭大运河为代表。京杭大运河的开凿，破解了一系列的科学技术难题，是集历代运河工程技术之大成，是世界航运工程史上的杰作。隋朝建造的赵州桥是目前世界上保存的最古老的一座石拱桥，是土木建筑史上一项划时代的工程。

唐朝奠定的开放风气，加强了建筑的传播与发展。乐山大佛可谓唐朝建筑的代表。乐山大佛具有很高的建筑价值，是全人类的共同财富。

同时期古代日本的建筑深受中国建筑的影响，在木构建筑上逐渐成熟。法隆寺就是这方面的代表，其建筑刻下了深深的唐朝遗风。

乐尊和尚开凿敦煌莫高窟

敦煌莫高窟是全人类的瑰宝，是集建筑、雕塑、壁画三位于一体的艺术宝窟，是当今世界上任何宗教石窟、寺院或宫殿都不能媲美的。敦煌石窟现存有500多个洞窟，这些洞窟建筑水平之高，以及洞窟内壁画和彩塑艺术水准之精湛，让世人咂舌。敦煌莫高窟是中国历代民间艺术家在继承中原汉民族和西域兄弟民族的艺术优良传统的基础上，吸收并融化了外来文化的表现手法，发展成为具有敦煌地方特色的中国民族风格的建筑艺术。

源于印度佛教石窟

敦煌莫高窟又名“千佛洞”，位于中国西部甘肃省敦煌市东南25千米处鸣沙山的崖壁上。石窟南北长1600余米，上下共五层，最高处达50米。莫高窟规模宏大，内容丰富，历史悠久，与山西云冈石窟、河南龙门石窟并称为中国“三大石窟艺术宝库”。

敦煌是甘肃省最西边的一个市。从敦煌市城的南门向东南走去，大约有25千米的路程，就进入一道深而且宽的河床。唐代时，这里曾经是一条名叫大泉的大河。河床的西面，是平均高度达17米的陡壁悬崖。崖壁上密布着高高低低、大大小小像蜂窝一样的洞窟，这就是举世闻名的敦煌莫高窟。这些洞窟，最早是4世纪开凿的，最晚是14世纪开凿的。

莫高窟的崖壁属于玉门系砾岩，因为质地比较松脆，又长期受到风沙的侵蚀，有些洞窟已经崩坏，但这里仍有大批精美的塑像和壁画被保存下来。

▼敦煌莫高窟标志性建筑

莫高窟出现在敦煌，是因为敦煌在古代是东西方文化交流的枢纽。古代从内地经新疆到印度、波斯等国家都要经过敦煌。敦煌也因为便利的地理位置，成为中亚文化传入中国内地的桥头堡。

1世纪左右，佛教从印度传入中国，佛教的建筑和艺术也随之在中国发展起来。敦煌是印度佛教传入中国内地的第一站，此地的佛教文化比其他各地更深入。敦煌莫高窟的开凿，就是师承印度佛教徒开凿石窟的修行方法。

石窟是古印度佛教徒在坚硬的山岩峭壁上开凿的，以供僧人修行或信徒进行宗教仪式之用。因为古印度人执着地相信深山里洞穴与神灵最接近，最适宜作为僧人修行或信徒进行宗教仪式的地方。印度佛教的这些石窟的建筑与雕刻风格随着佛教的传播，也传遍亚洲各国。

“莫高窟”名称的由来

关于“莫高窟”名称的由来，有两种说法。

一是认为“莫高窟”原被称为“漠高窟”，意为“沙漠的高处”。因“漠”与“莫”通用，“漠高窟”也被叫成了“莫高窟”。另有一种说法认为“莫”是不可能、没有的意思，“莫高窟”的意思是指没有比修建佛窟更高的修为了。

▼近观敦煌莫高窟

在敦煌，中国古代的艺术家巧妙地把时代风格和外来石窟艺术的精华融入固有的艺术传统，创造出具有新的民族特色的卓越艺术品——敦煌莫高窟。

“敦煌艺术”不止莫高窟一处，还包括属于同一系统的西千佛洞（在敦煌西南的党河北岸）和榆林窟（瓜州县南的踏实河的两岸）以及水峡口的小千佛洞等。这几个地方都属于汉代的敦煌郡，不过在洞窟规模、作品数量、艺术成就和保存完整的程度上，都不及莫高窟。

千百年来的延续开凿

在西汉末年，佛教便已从印度传来，但信仰的人并不多。在前秦建元二年（366），一个名叫乐尊的和尚开始修造莫高窟。

有一天，乐尊云游来到莫高窟，已经是黄昏时候，落日的红光照耀着古老的三危山，他仿佛看到山顶上射出万道金光。于是，他决定在三危山对面的岩壁上修凿一个洞窟。于是，敦煌莫高窟地区就出现了第一个洞窟。

在乐尊和尚之后有个法良禅师，他又在乐尊的窟旁开凿了第二个洞窟。渐渐地，随着信佛的人愈来愈多，开凿的洞窟也就一天比一天多了。北魏、西魏和北周时，统

▲敦煌莫高窟壁画

治者崇信佛教，石窟的建造得到王公贵族们的支持，发展较快。隋唐时期，石窟建造也得到了大发展。在武则天时期，敦煌莫高窟发展到洞窟千余个的规模。安史之乱后，石窟建造活动也没受到太大的影响。但是到了北宋、西夏和元代，莫高窟渐趋衰落。元代以后，莫高窟停止了兴建，并逐渐湮没于世人的视野。

莫高窟从开凿到结束，足足有1000年的时光。1000年的开凿，使莫高窟成了一个展现洞窟艺术壁画、彩塑的艺术长廊。莫高窟的全盛时代，洞窟数目达到1000多个。因为经过长期的风沙侵蚀和人为的破坏，保留到现在的洞窟只有492个了。

如今的莫高窟，南北全长2千米，洞窟群可以分作南北两段，洞窟绝大部分集中在南段，南段因此也成为莫高窟的主体。南段保存下来的洞窟，最多的有四层。南段还是僧侣们从事宗教活动的场所。北段的洞窟低小，只有很少几个洞窟留有壁画，其他的洞窟都是僧侣修行、居住和亡后掩埋的场所，内有土炕、灶炕、烟道、壁龛、台灯等生活设施。

莫高窟保存下来的彩塑有2400多个，其中有两个巨型佛像，高达30多米。莫高窟保存下来的壁画数量惊人，如果把492个洞窟的壁画展开，有4.5万平方米。另外，莫高窟还有5座唐宋的木造窟檐建筑，是我国现存古代建筑中珍贵的标本。

莫高窟的建筑艺术

莫高窟是一座融绘画、雕塑和建筑艺术于一体的大型石窟寺。它的石窟建筑艺术堪称一绝，其石窟形制主要有禅窟、中心塔柱窟、中心佛坛窟、四壁三龛窟、大像窟、涅槃窟等。

禅窟也叫印度僧房式禅窟，这是从西域传来的印度佛教石窟窟形，其石窟平面呈长方形或甬道形，主室有壁画和塑像，两侧开凿有2~4个供僧侣坐禅之用的小禅室。

中心塔柱窟是一种常见的窟形，其平面呈长方形，前厅有仿殿堂的“人”字坡屋顶，后为中心柱，具有敦煌本地特征。

覆顶殿堂窟，也叫殿堂窟。此类窟形的平面呈方形覆斗顶，正壁或三壁开龛，窟内活动空间很大，便于信徒的跪拜与祈祷。

中心佛坛窟的窟室呈矩形平面，覆斗顶，窟顶四角常有稍凹进之弧面，四壁不开龛，后部中央砌有马蹄形大佛坛，坛上塑佛、菩萨、众弟子及天王像。

大像窟，又称大佛窟，因在洞窟内凿、塑巨大的弥勒佛像而得名。这些佛像的制作都是从窟前和窟顶两处动工，依崖凿造出佛像的石胎，然后在佛像身上进行敷泥和彩绘。

▲禅窟

涅槃窟是为了宣传"涅槃"思想而开凿的特殊窟形。涅槃窟整体的空间类似于棺椁的形状，主尊佛侧卧于正壁的横榻之上。这是中国特有的洞窟类型。

这些石窟由于各自开凿的年代相距久远，所以，形态和大小各不相同，最大的第16窟达268平方米，最小的第37窟高不盈尺。另外，石窟群外原来建有木造殿宇，互相之间由走廊、栈道等相连，但因年代久远，又加上多次人为毁坏，现多已不存。

如今，莫高窟存有500多个石窟，形态和大小也各不相同，其开凿的年代大体可分为四个时期：北朝、隋唐、五代以及宋、西夏和元。

在北朝时期开凿的洞窟有36个，其中年代最早的第268窟、第272窟、第275窟可能建于北凉时期。这几个洞窟的窟形主要是禅窟、中心塔柱窟和殿堂窟。

隋唐是莫高窟发展的全盛时期。在这一时期，禅窟和中心塔柱窟逐渐消失，而同时大量出现的是殿堂窟、中心佛坛窟、大像窟等形式，其中殿堂窟的数量最多。

五代和宋时期的洞窟多为改建、重绘的前朝窟室，形制主要是中心佛坛窟和殿堂窟。

莫高窟现存的西夏和元代的洞窟也多为改造和修缮的前朝洞窟。

藏经洞是莫高窟建筑艺术中不可忽视的。1900年，在莫高窟居住的道士王圆箓偶然发现了北侧甬道壁上的一个小门，打开后，出现一个长宽各2.6米、高3米的方形窟室，内藏有文物5万多件，这就是著名的"藏经洞"。藏经洞是11世纪时，莫高窟的僧人们为躲避西夏军队而封闭的。

藏经洞的内壁绘菩提树、比丘尼图像，中有一座禅床式佛坛，上塑高僧坐像，另有一通石碑，似未完工。

造型优美的彩塑

莫高窟保存了数以千计的优美的彩塑。作为建筑艺术的一部分，这些彩塑反映了当时佛教建筑的技术水平。

▲藏经洞

古代雕塑家们在塑造技巧上有很高的造诣，他们把希望和美好的理想都集中在他们创造出来的使人信仰和崇拜的彩塑佛像上。

早期的洞窟多是一佛二菩萨的三身组合。北魏以后逐渐演变，到隋唐时就出现了一铺七身或九身的群像组合。保留到现在的彩塑佛像共有2411个，虽然有的颜色已经剥落，像身已经残缺，可是保存完整的也还有不少。

泥塑所采用的材料，除几个巨大的高达30多米的泥塑采用的是石胎外，其他的都用木头作身架，外面用谷草包扎。塑泥一般里层用草泥做胎，外层用麻刀泥或纸浆泥、棉花泥涂抹。等泥干了以后，再用粉彩加色。

这里的每一个彩塑，都显示出我国古代雕塑匠师们的智慧和卓越的创作才能。这些彩塑大都取材于现实，形象极为生动，在我国建筑史上占有重要的地位。

宏大瑰丽的壁画

莫高窟的壁画，是一份巨大的古典艺术遗产，也是中国古代建筑装饰史上的巅峰之作。

莫高窟因为壁画的装饰才显得更加庄严，其壁画的制作程序也十分复杂。首先要用泥涂平窟面，泥里面还要加上铡碎的麦草或麻筋。泥干以后，在泥上涂一层很薄的石灰。壁画的背景就这样完成了。绘制壁画的时候，往往先用赭红线或淡墨线打底，一层层涂绘好了以后，再用色或墨线描绘一次就完成了。

莫高窟内各个朝代的壁画各不相同，北魏壁画的色彩沉着浑厚，用笔奔放洒脱，层层晕染，立体感很强。隋代的壁画线条流利活泼，用色也比较丰富和柔和。

唐代壁画更多地描写了现实社会生活。此后创造的壁画大多是对前代壁画的模仿和重绘。

莫高窟是中国建筑艺术中的经典之作。

▲敦煌莫高窟塑像

孝文帝首建少林寺

少林寺，是禅宗祖庭，亦是武术圣地，有“禅宗祖庭，天下第一名刹”之誉，与白马寺、相国寺、风穴寺一道被称为“中原四大名寺”。少林寺寺院历史建筑群在中国建筑史和世界建筑史上占有独特的不可替代的地位。

建筑少林寺的历史

在河南省登封市城西北13千米处，少室山阴五乳峰下，有一座名扬中外的古刹——少林寺。少林寺始建于北魏太和十九年（495），是一个建筑群。走进少林寺建筑群，可以真切地感受到这些历史建筑的始建、变迁以及现存状况，也可以获知少林寺建筑群的原始位置、构造形式、布局设计、砖石木材料、历史修缮、传统营造技术、碑刻文献、装饰壁画等历史上的建筑过程的信息。

北魏孝文帝首建少林寺

魏孝文帝（467—499），献文帝拓跋弘的长子，北魏王朝的第六位皇帝，杰出的政治家、改革家。他在位时，推行改革，迁都洛阳，并对鲜卑族采取全面的汉化措施。他对各族人民的融合和各族的发展，起了积极的作用。

孝文帝笃信佛教，496年，印度僧人佛陀来到洛阳传法，孝文帝很重视，敕令在少室山北麓为他们修建寺庙。因寺庙建于少室山密林深处，遂命名为“少林寺”。少林寺自此出现在历史的长河中，此后，少林寺经过历朝历代的修缮，渐成今天的规模。

孝文帝可以说是少林寺的首建者。

▲少林寺

少林寺真正出名的原因有二：一是它乃禅宗祖庭；二是因为它为武术圣地。

北魏太和十九年（495），孝文帝在嵩山少室山北麓敕建少林寺。北魏孝明帝孝昌三年（527），达摩来到少林寺内，面壁9年，创立了禅宗。后来禅宗在我国长盛不衰，达摩被认为是始祖，少林寺就被认作是禅宗祖庭（发源地）。

▲少林寺大雄宝殿

北周建德三年（574），周武帝宇文邕禁灭佛道，少林寺被毁。周静帝宇文阐于大象年间（579—580）重修少林寺。隋开皇年间（581—600），少林寺获赐柏谷坞良田百顷，成为北方一大禅寺。隋末农民军王世充部占领了原属少林寺庙产的柏谷坞，火焚少林寺塔院和附近的殿堂屋宇。后来，当王世充与李世民之弟齐王李元吉交战失利之时，少林寺僧乘王世充不备，发动奇袭，生擒其将领，解除了李元吉之围。唐初，因寺僧助战李唐政权有功，得到唐太宗李世民的封赏，寺院发展到鼎盛时期。唐太宗在世时，几次修整少林寺，至玄宗年间，少林寺建筑规模已相当宏伟。寺院内建筑当时达 5000 余间，聚集僧徒千余人，少林寺从此声名远播。

少林寺的僧人本来就习武强身健体，又因为“13 棍僧救唐王”的事迹，唐太宗允许少林寺内养僧兵，所以少林寺又被称为“武术圣地”。

唐武宗时，实行灭法政策，少林寺中许多殿宇、佛像大多被毁。直到元代裕公主持少林寺期间，才兴建了藏经阁和许多殿宇，使得少林寺得以重振。明代时又重修了藏经阁、千佛殿、立雪亭等，奠定了今日少林寺之规模。

至清末，少林寺仍保存有六进院落之规模，少林武术也流传不绝。

1928 年，军阀石友三再次烧毁少林寺大雄宝殿、天王殿、藏经阁、钟楼、鼓楼等主要建筑。至此，少林寺内建筑近半被焚，寺院一片荒凉。此后，因为年久失修，少林寺内仅存有山门和最后几座殿堂，即客亭、达摩亭、千佛殿及其东西配殿——白衣殿和地藏殿。中轴线上原有的天王殿、大雄宝殿、藏经阁等仅存遗址。

中华人民共和国成立后，政府多次拨款维修，修复了全部围墙，翻修了山门、立雪亭、千佛殿、地藏殿、东西寮房和大部分古塔。1982年，政府又一次重建了天王殿、大雄宝殿、钟楼、鼓楼、藏经阁、紧那罗王殿、六祖殿、禅堂、僧院等建筑。

少林寺建筑群

少林寺建筑群主要包括三部分：常住院、塔林、初祖庵。

少林寺主体为常住院，也就是人们通常所说的少林寺。在常住院内，建筑呈中轴线一字排开，由南向北依次是山门、天王殿、大雄宝殿、法堂、方丈院、立雪亭、千佛殿，通常称呼这7座建筑为七进。

▲千佛殿壁画

山门是第一进。山门面阔三间、进深三间，单檐歇山顶。山门内塑有弥勒佛和韦驮像。进山门中为甬道，两侧有马道。

天王殿是第二进。天王殿面阔五间、进深四间，重檐歇山绿色琉璃瓦顶。

大雄宝殿是第三进。大雄宝殿左右两厢自南而北为钟楼、鼓楼。

法堂是第四进。法堂又名藏经阁，是少林寺珍藏珍贵文献的地方。

▼少林寺塔林

方丈院为第五进。方丈院主室面阔五间，硬山式建筑。

立雪亭为第六进。立雪亭又名达摩亭，相传是禅宗二祖慧可向初祖达摩求法的地方。立雪亭面阔三间、进深三间，单檐庑殿顶，殿内佛龛内供达摩铜像。

达摩

达摩，又称菩提达摩，意译为觉法。自称佛传大乘佛法（自释迦牟尼佛的大弟子迦叶算起）第二十八代传人，为中国禅宗的始祖。达摩祖师与宝志禅师、傅大士合称梁代三大士。于中国南朝梁武帝时期航海到广州。后梁武帝时期北上北魏都城洛阳，后卓锡嵩山少林寺，面壁九年，传衣钵于慧可。

▲少林寺初祖庵

千佛殿为第七进。千佛殿又名毗卢殿，创建于明万历十六年（1588），其规模是少林寺现有建筑中最大的，面阔七间，硬山式建筑。殿内明间佛龛中供有铜铸毗卢像。殿内地面上有48个武僧练功的站桩脚窝。大殿东厢为白衣殿，西厢为地藏殿。白衣殿面阔五间，硬山，出前廊，殿内佛龛中供铜铸白衣菩萨像。地藏殿，建筑形式同白衣殿，殿内塑地藏王。

另外，少林寺内还留有唐太宗、苏轼、蔡京、米芾、赵孟頫、董其昌等历代名家之碑碣，以及“达摩一苇渡江”阴刻画像碑。

塔林和初祖庵

少林寺除了常住院之外，还包括西部的塔林、西北的初祖庵。这也是两座著名的历史建筑，历史价值极高。

塔林在常住院西300米处，保存了唐代至清代各种类型的古塔200多座。这里有唐代和宋代的单层墓塔，也有唐宋时期的密檐塔，还有不少仿木楼阁的塔。这些种类繁多的古塔及塔上保留的许多早期石刻的门窗、装饰，是我国古建筑的宝藏。

初祖庵位于常住院西北两里处的一座小丘上，庵内原有山门、大殿、千佛阁，现仅存一座大殿和两座小亭。

初祖庵大殿面阔三间、进深三间，是河南省现存的唯一的北宋木结构建筑，其正立面采用板门、直棂窗，台基采用双陛踏道，侧面砌成“象眼”，以及斗栱的布置和斗栱的细部尺寸、组合方式等等，均与宋代著述《营造法式》规定吻合。

初祖庵在中国建筑史上所具有的学术研究价值，在少林寺这组建筑群中是无与伦比的。

建筑奇迹悬空寺

悬空寺是一座集建筑学、力学、美学、宗教学等为一体的伟大建筑。悬空寺共有殿阁四十间，利用力学原理，半插飞梁为基，巧借岩石、暗托梁柱、上下一体，廊栏左右相连，曲折出奇，堪称世界建筑史上的奇迹。

惊心动魄的悬空寺

恒山，西起著名的雁门关，东接河北省，连绵数百里。它的主峰天峰岭之西的翠屏山峭壁千丈，与主峰遥遥相对，一条浑水从峡谷中流过，地势十分险要。

▲悬空寺

约在1500年前的北魏后期，一队工匠来到这人迹罕至的翠屏山。他们用粗绳子将自己从悬崖顶上吊下来，在翠屏峰土黄色的峭壁上，根据道家“不闻鸡鸣犬吠之声”的要求，修建了一座“悬空”寺。

当地民谣说：“悬空寺，半天高，三根马尾空中吊。”这说明了悬空寺的一大特点就是：整个寺庙“挂”在绝壁上，它上不摩天，下不接地，红墙碧瓦，五彩装饰，十分美丽。

金、明、清三个朝代都曾经重修过悬空寺。至今，悬空寺仍然紧紧地矗立在山西浑源县的翠屏山峭壁上，向世人展现着古人高超的建筑艺术。

悬空寺的建筑奇观

整个悬空寺分成三组建筑群，每组都有上下左右的楼阁，形成三足鼎立之势。三组建筑群共有大小不等的近40座殿阁楼台。这40座殿阁楼台利用力学原理，半插飞梁为基，紧贴着岩壁南北向一字排开，建在152.5平方米面积之上。

▼悬空寺的楼台

悬空寺整体格局既不同于平川寺院的中轴突出、左右对称，也不同于山地宫观依山势逐步升高，而是巧依崖壁凹凸，审形度势，顺其自然，凌空而构。

悬空寺的建筑以“奇、险、巧、奥”

▲悬空寺与山壁连为一体

为基本特色。其建筑之奇、结构之巧、选址之险、内涵之深奥，实为世界一绝。

悬空寺内有铜、铁、石、泥佛像80多尊，有泥塑的、石刻的，还有用铜、铁浇铸的。寺下岩石上“壮观”二字，是唐代诗仙李白的墨宝。

悬空寺本依壁而建，没有后墙，塑像也与石壁浑然一体：有的隐居凹处，好像在山洞里；有的紧靠石壁，显得端庄大方，气度不凡。

从建筑结构上看，寺名“悬空”，绝不是夸大其词。

悬空寺三教殿整个殿楼是在绝壁上凿石为基——但这地基只是一条窄窄的石坎，并不能承载全部，殿楼只在地基上挂了半边。从外观上看，殿楼下面有几根木柱子支撑着，既无础石，又无钉契。殿内的木柱子也同样纤细修长，明显承受不了重压。

三教殿之所以能够如此稳固，真正的奥妙在寺里。当初建寺时，在峭壁上凿了许多小孔，横向打入一排排木桩作另一半的“地基”。这个办法，同样用于屋顶、屋腰，使三教殿等悬空寺的殿楼被上拽、中拉、下挑三种力作用，确保了稳固。这是中国古代建筑师们运用力学原理解决复杂的结构难题的一个优秀范例。

悬空寺的建筑结构，具有极为良好的稳定性，1500多年来，悬空寺始终“悬”而不倒。

寺的选址也很讲究。从山下远看好似刀削一样的绝壁，原来是微呈弧形，悬空寺就躲在这个弧凹里。寺顶上凸出的悬崖挡住了风雨的侵蚀，悬空寺的木材也就不易腐朽。

另外，悬空寺寺内交通联系既曲折又巧妙：或以栈桥飞渡，或以暗道相通，或登石级盘旋而上，或临峭壁穿户而入室。特别是悬空寺的廊栏，左右相连，曲折出奇，具有建筑与艺术双重价值。

悬空寺是不朽的杰作，是巧与力的结晶，是中国古代劳动人民智慧与胆量的历史见证。

悬空寺是集建筑学、力学、美学、宗教学等为一体的伟大建筑，是中国古代建筑精华的集中体现。

佛、道、儒合一的殿堂设计

值得一提的是，悬空寺是国内现存的唯一的佛、道、儒合一的独特寺庙。三官殿、三圣殿、三教殿与中国的古老宗教哲学道、佛、儒密切相关。

▲悬空寺中的走廊

三官殿是道家的天地，殿内的塑像都是按照道家的“清静无为”的思想修建的。这几尊塑像乌眉黑须，衣袖带风，给人一种飘然遗世的感觉。

三圣殿是佛教的世界，里面的佛像丰臂润面，端坐在莲花座上，双目微开，好像任凭雷鸣电闪，也不能惊动一丝禅心。

三教殿则是集佛、儒、道三家于一室的殿堂，殿堂内分立佛祖释迦牟尼像、圣人孔子像、道家始祖老子像。三尊雕塑神态各异，但都尽力展示出一种雍容大度的风采，呈现出一片和谐的氛围。其中佛祖释迦牟尼像位于中间，圣人孔子像位于右边，道家始祖老子像位于左边。

这种三教合一、和睦共处的寺庙殿堂，在中国的诸多寺庙中，这是唯一的一座。在悬空寺千手观音殿下的石壁上，嵌着两块金代的石碑。碑文中赞颂了三教创始人各自不同的出身和伟大的业绩。据此碑可以认定，悬空寺是从金代开始变成佛、道、儒合一寺庙的。

▲灯火通明的悬空寺

也正因为悬空寺三教合一，历代统治者都对其进行了保护。这使得位于边塞民族融合之地的悬空寺，历经无数次战乱，未受损害，得以历经1500多年保存完好。

划时代的建筑赵州桥

赵州桥建于隋代大业年间，距今已有约1400年的历史，是目前世界上保存的最古老的一座石拱桥。赵州桥既是土木建筑史上一项划时代的工程，又是一件高度的科学性和完美的艺术性相结合的文化瑰宝。

赵州桥具有划时代意义

赵州桥最大的特点是石拱桥。拱桥指的是在竖直平面内，以拱作为结构承重构件的桥梁。拱桥巧妙设计的桥梁，能够把竖直向下的纵向力，通过桥身内力转化成横向的力，最后将力作用到两边的基体，这样一来，拱桥这种桥梁就变得十分坚固耐用。

拱桥是我国最常用的一种桥梁形式，其式样之多、数量之大，为各种桥型之冠。由于我国是一个多山的国家，石料资源丰富，因此拱桥以石料为主。

石拱桥是拱桥的最早类型，也是最常用的类型。石拱桥也是世界桥梁史上出现得比较早的一种桥型。它结构坚固，能经久耐用数百年，甚至于上千年。

中国的石拱桥有着相当悠久的历史，在近2000年的漫长岁月里，石拱桥一直是运用很广的一种桥型，遍布全国各地。

▲赵州桥

中国的石拱桥起源于何时，现已难以考定。《水经注》里记载的“旅人桥”是有文字记载的最早的中国石拱桥。旅人桥，约建成于西晋太康三年（282），距今已1700多年了。但遗憾的是，旅人桥早已经不复存在。

晋代以后的石拱桥，最古老的便是赵州桥了。赵州桥坐落在河北省赵县，由著名匠师李春设计建造，于隋代开皇十五年（595）开始建造，建成于大业初年（605），迄今已经有1400年了。在它之前，与

旅人桥

旅人桥是我国最早的单拱石拱桥，但已经无迹可寻了。中国著名的桥梁专家茅以升撰文指出：“我国最早的石拱桥——旅人桥建于洛阳。”《水经注》里提到旅人桥，大约建成于282年。据《河南府志》记载：“旅人桥位于洛阳，也被称为七里涧桥，因其坐落在晋代京师建春门东七里的七里涧上而得名。”

它同时和较后的一些石拱桥，多已坍塌，唯有赵州桥历时1400多年而依旧坚固。它的跨度之大，技术之精，桥形之美也都是首屈一指的。

▲近观赵州桥

赵州桥原名安济桥，因桥体全部用石料建成，又俗称“大石桥”。安济桥横跨赵县洨河南北两岸，赵县古称赵州，故安济桥习惯上多被称为赵州桥。它是世界上第一座敞肩式（又称空腹式）单孔圆弧形石拱桥。欧洲的第一座敞肩圆弧拱桥阿道尔夫桥，在1200年后的19世纪才建造完成。由此可见赵州桥历史之悠久。

所谓单孔圆弧形石拱桥，是指全长50.82米的赵州桥只有一个大拱。不过赵州桥创造性地在大拱的两个肩上，各修建了两个小拱，以分担桥面的压力。大拱（桥洞）的拱顶宽约9米，拱脚宽约9.6米，拱矢净高约7.23米。尤其值得一提的是，赵州桥这个大拱跨度达37.02米。这创造了大拱跨径的世界纪录，而且赵州桥保持这世界纪录达730余年，直到1339年法国的赛兰特桥建成，才被超越。

李春建造赵州桥

赵州桥的建造是当时的时代需要。

隋代统一中国后，天下稳定，社会经济迅速发展。当时的河北赵县是南北交通必经之路，交通十分繁忙。可城外洨河的阻断，严重影响了南来北往的人们的来往，每当洪水季节甚至不能通行，为此隋代朝廷决定在洨河上建一座桥。

李春受命负责设计和大桥的施工。李春对洨河及两岸地质等情况进行了实地考察，选择了洨河两岸较为平直的地方建桥。这里地层表面是久经水流冲刷的粗砂层，以下是细石、粗石、细砂和黏土层。这样的地层承重力比较大，能够满足大桥的要求。赵州桥自建桥到现在，桥基仅下沉了5厘米，说明李春当初选址的正确性。

李春就地取材，选用附近州县生产的质地坚硬的青灰色砂石作为建桥石料。在大拱砌置方法上，均采用了纵向（顺桥方向）砌置方法，就是整个大桥是由28道各自独立的拱券沿宽度方向并列组合而成，每券各自独立，每券砌完完全合拢后就成一道独立拱券，砌完一道拱券，再砌另一道相邻拱。这种砌法有利于桥的维修，一道拱券的石块损坏了，只要嵌入新石，进行局部修整就行了。

李春在建造赵州桥时，结合实际情况提出了独具匠心的设计方案，按照设计方案精心细致施工，很快就出色地完成了建桥任务。

李春主持建造的赵州桥，自建成至今已有1400年，经历了8次以上地震的影响，8次以上战争的考验，承受了无数次人畜车辆的重压，却坚固依旧，不能不令人惊叹。李春把中国古代建筑技术提高到了一个全新的水平。

只可惜关于李春的历史记载很少，只知李春是现今河北省邢台市临城县人士。唐中书令张嘉贞著《安济桥铭》中只记有："赵州洨河石桥，隋匠李春之迹也，制造奇特，人不知其所以为。"

赵州桥是如此完美

赵州桥的石工工艺堪称一绝。赵州桥的台基也只用了五层料石砌成，厚约1.55米，直接放在承重力不大的亚黏土基底上。1000多年来，历经许多次地震和大小战争仍无损坏，也没有明显的沉陷。如此高的技术水平，即使在现代，也是不容易做到的。

赵州桥还是一件高度的科学性和完美的艺术性相结合的文化瑰宝。桥上两侧的石栏板和柱子，雕刻着各式各样的蛟龙和花饰，是罕见的隋代石刻精品。

▲赵州桥上的石刻

赵州桥的影响很大。有人说赵州桥"显然建成了一个学派和风格，并延续了数世纪之久"。中国的很多地方都仿照了赵州桥，在这些仿造的石桥中，最有名的要算是赵县西门外清水河上的永通桥了。永通桥比赵州桥小了一号，所以当地人都称赵州桥为大石桥，永通桥为小石桥。

永通桥

永通桥又名小石桥，位于河北省赵县城西门外清水河上，建于唐代宗永泰元年（765）。这是一座带腹拱单孔并列券敞肩式石桥，桥长32米，宽6.34米。主拱券由20道独立拱券并列砌筑而成，大券上伏有小拱4个。桥栏板的雕刻一为两端雕斗子蜀柱，一为荷叶墩代斗子蜀柱。在各小券的撞券上都有河神浮雕，形象生动，内容丰富。

赵州桥的大拱，是圆弧拱，不是普通的半圆形，而是像一张弓。圆弧拱既可以大幅度地降低桥梁高度，又可以取得更大的跨度，是拱桥技术的一个创新。

圆弧拱还有一个妙

处，是能够更好地在大拱之上建造一系列的小拱架。赵州桥大拱的两肩上对称地垒架了4个小拱。靠河岸的两个小拱较大，净跨度约4米；靠河中心的两个小拱较小，净跨度约2.7米。这种创造性的设计，一方面节约了许多石料，另一方面增加了泄水通道，有助于应付洨河夏秋时节的暴发性山洪，大大增强了桥梁的安全性。

▲赵州桥的大拱与小拱

赵州桥的拱圈采用了一种“纵向并列砌拱法”，即把大拱和小拱都纵向分为28道拱圈，“化整为零”，逐一砌筑拼拢。每道拱圈都能独立支撑上面的重量，一道坏了，其余各道不受影响，极便于修复。

赵州桥取了单孔长跨的形式，河心不立桥墩，石拱跨径长达37米之多。

中国古代的桥梁往往采用多孔形式，这样每孔的跨度小，坡度平缓，便于修建。但是多孔桥桥墩多，既不利于舟船航行，又因为桥墩长期受水流冲击，容易塌毁。赵州桥单孔的设计是中国桥梁史上的空前创举。

▲李春雕像

隋炀帝修建京杭大运河

京杭大运河是世界上里程最长、工程最大的古代运河，也是最古老的运河之一。京杭大运河的开凿，破解了一系列的科学技术难题，是集历代运河工程建设之大成，是世界航运工程建筑史上的杰作。

大运河开凿史

水路运输是古代一项非常重要的运输方式。古时候，在陆地上运送货物，全靠人力和牛、马等畜力，速度慢，运输量小。所以，要运送粮食、木料、绢匹等大宗货物，最理想的还是水运。

▲京杭大运河所经流域

中国的地势西高东低，绝大多数河流都是从西向东流的。这样，就需要有一条南北方向的通畅水路来满足南来北往的交通运输的需要。

运河，就是为满足这种需求而由人工开凿的新水道。中国从北到南的五大水系（海河、黄河、淮河、长江、钱塘江）之间，有许多相距并不太远的支流，只要加以沟通，船只就可以南下杭州，北上京津。

大运河开掘于春秋时期。公元前 486 年，吴王夫差开凿了邗沟。公元前 300 年，魏惠王开凿了鸿沟。秦始皇在嘉兴境内开凿的一条重要河道，奠定了以后江南运河的走向。

581 年，隋文帝杨坚统一了中国。隋文帝于开皇四年（584）下令开挖广通渠，把渭水从大兴城（今西安市）引到了潼关。广通渠修成后，关内的水路运输变得十分便利。开皇七年（587），隋文帝下令开通了山阳渎。山阳渎南起江都（今江苏扬州）北至山阳（今江苏淮安），沟通了长江、淮河两大水系。

隋炀帝杨广非常留恋江都的繁华和美丽风光，

隋炀帝

隋炀帝杨广（569—618），隋代第二位皇帝。隋文帝杨坚、独孤皇后的次子，开皇二十年（600）十一月立为太子，仁寿四年（604）七月继位。他在位期间修建大运河（开通永济渠、通济渠，加修邗沟、江南运河），迁都洛阳城，亲征吐谷浑，三征高句丽。因为滥用民力，最终导致了隋代的灭亡，618 年在江都被部下缢杀。

他当上皇帝以后，便迫不及待地要开运河，以便乘龙舟去巡游享乐。当然，隋炀帝开挖运河也是为了巩固政权，加强对东南地区的政治、军事控制，把南方的粮食、丝帛运到北方来。

▲隋炀帝

大业元年（605），隋炀帝征召江南、淮北100多万民工，开挖沟通黄河和淮河的通济渠。同年，又另外征召淮南十几万民工，把山阳渎加以扩大、疏通。因为这只是将原来的一些水道连接起来就行，所以只用了半年时间这两项工程就完工了。

以后，大运河又继续往南北两个方向延伸。大业四年（608），隋炀帝又下令征召河北100多万人开凿永济渠。过了两年，到大业六年（610），隋炀帝下令开凿江南河，从京口（今江苏镇江）引长江水直通余杭（今浙江杭州），全长400多千米。

隋代大运河的开凿，花了6年时间，终于大功告成。大运河南起余杭，北至涿郡（今北京市境内），以洛阳为中心，沟通五大水系，全长达2000多千米。具体来说，隋代开凿的分为四段：永济渠、通济渠、邗沟、江南河。

广通渠，从长安至潼关，东通黄河；通济渠，从洛阳沟通黄、淮两大河流的水运；山阳渎北起淮水南岸的山阳，径直向南，到江都（今扬州市）西南，与长江相联系；永济渠从洛阳对岸的沁河口向北，直通涿郡。

唐代时，对运河作过一些修整。如742年在三门峡以东的岩石中曾开凿一条渠道，为天宝河。701年，在洛阳立德坊南营建新潭。

北宋时，以京城洛阳的汴河为骨干，并通过广济河、金水河、惠民河，修建了一批向四方辐射的运河，向南沟通了淮水、扬楚运河、长江、江南河等，向北沟通了济水、黄河。

▲今日京杭大运河

元代定都北京后，为了使南北相连，不再绕道洛阳，把原来以洛阳为中心的隋代横向运河，修筑成以大都为中心、南下直达杭州的纵向大运河。元代修建的新的京杭大运河比绕道洛阳的隋唐大运河缩短了900多千米。

明清两代着力于维持元运河的基础。明时重新疏浚了元末已淤废的山东境内河段。清代对运河的维护，也基本上限于疏浚运河河道。

所以说，京杭大运河始建于春秋时期，完成于隋代，繁荣于唐宋，取直于元代，疏通于明清。

工程建设解决世界性难题

即使从现代的眼光来看，进行这么巨大的工程也是极不容易的。大运河沿途经过各种复杂的地理环境，需要解决设计、施工、测量、计算、机械、流体力学等一系列的科学技术难题。大运河可以说是中国古代先人聪明才智的结晶。

京杭大运河的开凿与维护，破解了六大世界性难题。这六大难题分别是：船队如何翻山越岭向地势高的地方航行；如何解决航运水源；如何实现水量的合理分配与调节；如何实现运河与黄河、淮河的三河交汇并安全穿越；如何确保洪水期运道的航运安全；如何组织建设以及管理这一庞大的工程系统。

为此中国人利用自己的智慧，开创了六项创新。

（一）创建了梯级船闸工程系统。船闸雏形是斗门，相当于单闸。斗门出现之前是靠堰埭助运。423 年，扬州附近的运河建造了两座斗门，这是京杭运河工程上最早的闸门。984 年，北宋创建了世界上最早的复式船闸——真州闸。此后的 100 年时间里，淮扬运河、江南运河上的堰埭几乎全部改成船闸。

元代进一步发展了宋代的复式船闸，在会通河上临清与济宁之间建造了 31 座船闸，从而构成了梯级船闸，一举解决了船队翻山、向地势高的地方航行的难题。

到明代，梯级船闸数量增至 38 座。这 38 座船闸不断提升水位，又不断降低水位，使得浩荡的运输船队得以平稳地翻山越岭，南下与北上。

（二）创建了南旺分水工程。船队要翻山越岭必须找准分水岭，才能在制高点有效控制分水岭两边的河道，合理分流用水，满足船队上行与下行的航运要求。京杭大运河的分水岭选在了济宁以北的汶上县南旺，并以此为基础，构建了完善的分水枢纽工程，实现了运河水“七分朝天子，三分下江南”的合理分流，解决了航运水源的难题。

（三）创造了丰富多样的黄、淮、运交汇的枢纽工程。运河北上，淮河西来，黄河南下，三者交汇于今淮安的清口。三河的流向不同，泄洪时间不同，

斗门和堰埭

斗门是船闸的雏形，相当于单闸，用以调整斗门前后的水位差，使船舶能在有水位落差的航道上通行。堰埭，是指壅水的土坝，用于提高上游水位，以便水运。在斗门出现之前，运河上分段筑堰埭，通过堰埭将入渠的水流逐段保留在运河中，并维持运河各段的通航水深。船只经过堰埭时，用人力或畜力拖曳。

水位也不同，其构成的水系格局十分复杂。在这种情况下，要保障京杭大运河南下北上的漕运船队的安全畅通，是极其困难和极具风险的挑战。为解决这一难题，人们因地制宜、因河制宜地创造了丰富多样的河运交汇工程措施，使船队得以安全通过运河。

▲外国人笔下的京杭大运河堰埭

（四）发明了航运节水工程——澳闸。船闸每开闸一次，总是要泄走一部分水量。为进一步解决航运节水问题，北宋时期在淮扬河段又创建了节水型船闸——澳闸，使部分水量可以重复使用，实现了水量的合理分配与调节。

（五）创建了航运安全工程体系。京杭大运河的一些河道在汛期都容易受到洪水的威胁。为了保证河道的安全，在堤岸建设了滚水坝和减水闸。当运河中水位过高、对运道或船队安全造成威胁时，由滚水坝或减水闸将洪水排泄掉，使航运安全有了保证。

（六）创建了一整套工程建设管理系统。中国古人总结出一整套的京杭大运河的工程建设指挥体系、运河管理指挥体系、漕运运输指挥体系，为保证京杭大运河长久通畅提供了重要保障。

大运河的使用

京杭大运河是官办运河，主要用于从南方向京城地区运送粮食等物资。

隋代时，京杭大运河采用的是“直达运输法”。具体做法是，从始发地装船运输，到京城地区卸船。唐代时，改“直达运输法”为“分段运输法”，即运河水深时，就通过水上运输，运河水浅不能行船时，就将船中货物储藏在岸边的仓库里，等到水深时再进行水上运输。唐后期在“分段运输法”的基础上创“转搬法”分段接运，改民运为官运，改散运为标准麻袋盛装。

元明清还建立运河漕运奖励制度，以盐利为漕佣，解决运河漕运经费问题。明清时代，随着商品经济的发展，民间对南北物资交流的需求大增，朝廷明确允许漕船北上时可以附带一定的商业货物，南返时可以载客。

大运河开通以后，成了我国南北交通的大动脉，加强了南北的政治联系和经济文化交流，促进运河通过地区经济和贸易的发展。运河两岸的杭州、扬州、镇江等城市后来都发展成我国历史上非常重要的商业、文化中心城市。

如今京杭大运河仍然发挥着巨大的运输作用。

▲京杭大运河夜景

仰光大金塔因对佛教敬畏而建

仰光大金塔是驰名世界的佛塔，是缅甸国家的象征。缅甸人把大金塔视为自己的骄傲。

▲仰光大金塔

因敬畏佛教多次修缮

仰光大金塔坐落于仰光市北茵雅湖畔的圣山上，它建成于585年。刚建造完成时，大金塔只有20米高，并不太起眼，但后来历代缅甸当政者出于对佛教的敬畏和崇拜之情，在位期间，大多都将大金塔进行修缮，每次修缮都会使大金塔的塔高增加一点。

15世纪的缅甸德彬瑞体国王对大金塔的修缮做出的贡献最大。他在位期间，对大金塔进行了一次彻底的修缮。在这次修缮中，使用了相当于他和王后体重4倍的金子和大量宝石。

如今的大金塔是阿瑙帕雅王的儿子辛漂信王在1774年修缮完成的。在那次修建中，辛漂信王特意在塔顶安装了新的金伞，这就使得大金塔的高度达到了112米，成为缅甸国内最高的佛塔之一。

仰光大金塔

仰光大金塔除了塔身高大之外，其底座的面积也非常大，周长达到427米。大金塔的装饰非常精美，塔顶有做工精细的金属罩檐，塔檐上还挂有1065个金子铸造而成的铃子，在金铃的旁边还挂有420个银铃。风吹铃响，清脆悦耳，声传四方。

大金塔的精美装饰还表现在塔顶全部用黄金铸成，上有1260公斤重的金属宝伞，塔顶上还镶嵌有7000颗各种罕见的红、蓝宝石，其中较珍贵的宝石包括红宝石664颗、翡翠551颗、金刚石443颗。在这7000颗宝石中，还有一块著名的钻石，重达76克拉，举世闻名。

信徒们为了表达对佛的敬意，都会在塔身上贴金。大金塔的塔身经过信徒们成年累月的贴金，如今上面的黄金已有7000公斤重。整座金塔宝光闪烁，雍容华贵，雄伟壮观。

大金塔的四周还有很多小塔，在漫长的修缮历史中，这些小塔数量达到68座。这些小塔是用木料或石料建成的，和主塔组成了一个有机的整体。这些小塔有的似钟，有的像船，形态各异，非常具有观赏性，也体现了缅甸佛教建筑技术的发达。另外，缅甸的工匠们在每座小塔的壁龛里都雕刻了佛像，这些佛像多用玉石雕刻而成。

值得一提的是，在仰光大金塔的左方有一座福惠寺，福惠寺是一座原汁原味的中国式庙宇建筑。福惠寺建于中国清朝的光绪年间，经过多年的发展，已经成为大金塔地区古老建筑群体的重要组成部分。这座寺庙见证了中缅两国的悠久友谊，因为这座寺庙是缅甸当地华侨捐资在当地修建完成的。

建筑结构

仰光大金塔的东南西北四个方向建有巨大的门，在每个门的前面，与中国寺庙前常有的守门狮子一样，各竖立着一对高大的石狮。

巨大的门内建有长廊式的石阶，通过石阶，可以攀登到塔顶，站在塔顶，可远眺远方的风景。在台阶两旁有精美的装饰，譬如用木、竹、骨、象牙等雕刻的佛像和人像。另外，还有不少信徒将供佛用的香、烛、鲜花，以及各种缅甸风味小吃放在石阶两旁，以表达他们对佛的敬仰之情。

仰光大金塔的底座是用大理石铺成的平台，平台中央就是大金塔的主塔。在主塔内供奉有坐卧佛像和罗刹像，是用玉石雕刻而成的，雕刻手法非常细腻。主塔的四周还有一些小塔。另外，在主塔上的四角，都有一个较大的牌坊和一座较大的佛殿。

在大金塔的东北角和西北角，各有一口古钟，这两座古钟色彩斑斓，非常漂亮，是1741年和1778年分别由两位在位缅王捐建的。东北角的古钟重约40吨，西北角的古钟重约16吨。缅甸人似乎对西北角的古钟更为看重，认为它代表着吉祥、幸福，只要连续敲打它三下，就会心想事成，如愿以偿。

在大金塔的东南角，还种有一棵菩提古树。相传，这棵菩提古树，是从印度释迦牟尼金刚宝座的圣树圃中移植到缅甸仰光的。至今这棵菩提古树仍然枝繁叶茂。大金塔的附近有一座福惠宫。在大金塔的南侧，还有一个专门陈列佛教信徒和香客们捐赠物品的陈列馆。

大金塔建在仰光市北的山上，又因为塔体十分高大，所以不管人们站在仰光市内的任何位置，抬起头来，就可以看到大金塔那金光灿灿的塔顶。如果站在大金塔的塔顶上远眺，可以看到仰光市区的所有景色。

仰光大金塔气势宏伟、建筑精湛，是缅甸佛教建筑艺术的集大成者，也是世界上历史悠久、价值昂贵的佛塔，还是世界建筑艺术的杰作。

1989年9月，缅甸政府对大金塔又进行了一次大规模的修缮，在塔的四面安装了有玻璃窗的电梯，大金塔也因此变得更加宏伟和壮观。

最古老的木造建筑：日本法隆寺

日本法隆寺是世界上现存最古老的木造建筑之一，是日本第一个被列为世界遗产的寺庙。寺内有 17 栋建筑被列为国宝级建筑，26 栋被列为重要文化财产。

飞鸟文化的产物

▲法隆寺

飞鸟文化

所谓“飞鸟文化”，是指在日本 7 世纪前后兴盛的以佛教为主体的艺术派别，持续近 100 年的时间。因这种文化艺术流派集中于 7 世纪日本的政教中枢飞鸟一带，史家通称其为飞鸟文化。

法隆寺位于日本奈良县的斑鸠町，所以又名“斑鸠寺”。据传法隆寺是圣德太子为了祈愿神明治愈其父皇的病于 601 年开建的。圣德太子是日本历史上有名的君王，他信奉佛法，把佛教定为国教。在他的倡导下，日本国内很快就出现了弘扬佛法、竞造佛寺的局面，并勃兴出对后世有着重大影响的飞鸟文化。飞鸟文化是日本最早的佛教文化，是日本建筑真正成体系发展的开始，而法隆寺是飞鸟时代艺术成就的杰出代表。

相传百济工匠把中国的佛塔和木结构建筑技术传到日本，并修建了法隆寺。

国宝级建筑的风貌

法隆寺坐北朝南，分东西两院。西院有南大门、中门、回廊、金堂、五重塔、三经院、大讲堂、钟楼等建筑；东院有梦殿、中宫寺等寺殿。法隆寺占地面积约 187000 平方米，共有 40 多座古建筑，其中有 17 栋建筑被列为国宝级建筑，26 栋被列为重要文化财产。

法隆寺的布局和结构深受中国南北朝时期建筑的影响。建筑群体浑然一体，不仅注重整体效果，还考虑与环境的自然联系，和谐平衡而又不拘细节，洒脱大方。

寺院大量使用木材作为建筑材料，既是就地取材的原因，也是木结构能满足抗震的需要。西院伽蓝是世界上最古老的木构建筑群。

法隆寺还收藏了大批的珍贵文物，其中被定为国宝和重要文化遗产的就有 190 种。两米多高的苗条的百济观音像、玉虫橱子等许多飞鸟时代具有代表性的佛教艺术作品，都精美绝伦、价值连城。

▲法隆寺金堂

西区大殿中的青铜佛像，平静如水，闭目养神，露出幸福之意。它们和在中国丝绸之路上发现的佛教艺术风格极为相似。

法隆寺内建于 670 年的五重塔是日本最古老的佛塔，它是一座重檐四角攒尖顶的木结构建筑，表现出中国唐代建筑的遗风。

▼法隆寺五重塔

佛塔共分为 5 层，总高为 32.45 米。佛塔各层空间都不是很大，层高也较小，底层的柱高仅有 3 米多，二层柱高只有 1.4 米，而且随着佛塔的升高每层依次缩小。和层高相比，佛塔的出檐很大，底层出檐竟达 4.2 米。

建于 620 年的金堂也称主殿，是

圣德太子

圣德太子（574—622），飞鸟时代的皇族、政治家，用明天皇第二子。作为推古天皇时的摄政，与苏我马子共同执政。圣德太子在国际局势紧张的情况下派遣遣隋使，引进中国的先进文化、制度，制定冠位十二阶和十七条宪法，意图建立以天皇为中心的中央集权国家体制。圣德太子笃信佛教，其执政期间大力弘扬佛教。

▲法隆寺模型

▲法隆寺梦殿

法隆寺的本尊圣殿。里面安放着为供奉622年去世的圣德太子而建造的释迦牟尼三尊像。整个佛像呈三角形结构，十分稳定和谐，具体的雕刻更是美轮美奂、栩栩如生。

金堂外部有两层屋顶，看起来好似为两层建筑，但实际上室内只是一层。金堂内壁都饰有壁画，从构图和技巧来说，都是超群绝伦的艺术珍品，代表着当时的最高艺术水平。

法隆寺内还有一处日本最古老的八角形建筑，这就是建于739年的梦殿。这是日本最古老的八角圆堂。殿中央是用花岗岩建筑的八角形佛坛，屋顶上镶嵌着漂亮华贵的宝珠。在这座高雅的八角形建筑中有一座隐身雕像，这是圣德太子的立像。

中宫寺是紧挨着梦殿的一个小尼寺，环境简单朴素，寺内的如意轮观音像被誉为奈良雕刻的登峰之作。

在金堂和五重塔后面是大讲堂，这里是寺僧学习佛教和做佛事的地方。

曾经重建

670年法隆寺遭受重大火灾，损失惨重，寺院和塔堂悉数被烧毁。现在巍然挺立千年的法隆寺是在7世纪末至8世纪完全依照原样仿建的。圣德太子建造的原址现存的只有一小部分，叫作“若草伽蓝址”。这些建筑采用了中国六朝建筑式样。

在1949年1月，法隆寺又发生火灾，西院的金堂大殿被毁。金殿及殿内的12幅壁画大部分被焚。

武当山建筑群

武当山上的道教宫观规模宏伟、工程浩大、世界闻名，是世界古代建筑史上的奇观。许多建筑学家考察武当山道教宫观后说："武当山的古代建筑群，是中国人的一个伟大的创举，是中国古代建筑规划与设计的典范。"

修建的历史

▲武当山古建筑群

武当山，位于湖北省丹江口市西南，是我国著名的道教圣地。武当山不但风景美，而且是我国一座建筑文化宝库，尤其是山上的道教宫观建筑，在世界上久负盛名，称得上是世界古代建筑史上的奇观。唐、宋、元、明、清各代在此均建造了大量建筑物。

唐代，武当山在唐太宗李世民的诏令下，建成五龙祠。宋代，武当山上开始建造道观建筑。到了明代，明成祖朱棣大兴土木，武当是当时建设的重点。在这一时期，武当山上出现了一大批道观建筑。以后明代诸帝一直把武当作为朝廷家庙看待，纷纷扩建宫观。

因此，武当山宫观道院、亭台楼阁众多，形成规模宏大的古建筑群。据不完全统计，宋、元、明、清时期，武当山曾有各种建筑500多处。其中宫23处，观37处，庵39处，庙院、楼阁98处，祠25处，岩庙72处，亭26座，坊27处。其余为仓、厂、桥、坛、城、府等。

建筑的风格

武当山主要宫观的布局，均由皇帝命工部及武当山道官，依照皇家建筑法式统一设计布局。武当山整个建筑群按照八卦布局，以金顶为中心，八大宫为主体，神道为轴线，把所有建筑连成一体。武当山建筑群主题突出，散而不乱，布局井然，气势宏大，富有皇家气派。

武当山所有建筑的设计皆以真武出身、修道、飞升、受封的神话传说为依据。如五龙、紫霄、南岩是传说中真武的修炼之处；净乐宫则因真武原为净乐国王子而得名。

▲鸟瞰武当山

玄帝升天后，被封为“玉虚相师”，故建玉虚宫，并视其为武当第一大宫观。玄帝曾担任太玄元帅判元和迁校府事，故建有太玄观、元和观。

武当山建筑与自然和谐相处，体现出道家崇尚自然的思想。这里所有建筑的布局设计均巧妙地利用峰峦岩涧和奇峭幽壑，每个建筑单元都嵌在峰、峦、坡、坨、崖、涧之间，无不依山就势，浑然天成。另外，武当山各建筑单元规模的大小、间距的疏密，无不恰如其分，给人以庄严威武和玄妙神奇之感。

整个武当建筑群荟萃了我国古代优秀建筑法式，集中体现出皇宫的宏伟壮丽、道教的神奇玄妙、环境的幽静典雅、民间的淳朴节俭等多种特色，形成了丰富多彩的建筑风格。建筑学家考察武当山建筑群后，都公认：“武当山的古代建筑群，是中国古代规划、设计、建筑的典范。”

武当山古建筑群工程浩大，工艺精湛，成功地体现了“仙山琼阁”的意境，犹如我国古建筑成就的展览。

武当山建筑群最有代表性的古建筑是遇真宫、玉虚宫、紫霄宫和金殿。

遇真宫和玉虚宫

遇真宫被誉为“仙室灵境”，建于明永乐十年（1412），这是专为纪念张三丰而建的。它背依凤凰山，面对九龙山，左为望仙台，右为黑虎洞，山环水绕，景色宜人。

张三丰

张三丰，俗名子冲，字元实，会武术、善书画、工诗词，生于1264年，卒年不详，是中国全真派道教创始人，武当派开山祖师。张三丰所创的武学流派众多。其人不修边幅，一身功夫却出神入化，是武当内家拳的创始人。

遇真宫建筑保存得较为完好。宫院内，由前至后分布着琉璃八字墙、宫门、东西配殿、左右廊庑、斋堂、真仙殿等。

真仙殿是遇真宫内的主要建筑，是专为供奉张三丰而建造的。建筑风格颇有元代宫殿建筑的特点，为廊庑顶式，面阔、进深均为三间。殿内保存下来的张三丰鎏金铜像是不可多得的铜铸艺术精品，为明永乐年间御制，像高 1.415 米，是一尊极为珍贵的明代塑像艺术佳作。

▲玉虚宫

玉虚宫得名于玉皇大帝封真武为“玉虚相师”。明成祖朱棣于永乐十年（1412）敕建玉虚宫，到嘉靖三十一年（1552），玉虚宫已扩大到 2200 间。明成祖曾赐额为“玄天玉虚宫”。

玉虚宫建在遇真宫故址上，乃张三丰修炼之所。玉虚宫建筑群规模非常庞大，当年的宫墙范围包括如今的整个武当山镇。

玉虚宫由外罗城、紫禁城、里罗城三城组成。因襄渝铁路从外罗城经过，一些建筑被毁，现存紫禁城和里罗城。紫禁城和里罗城均采取宫廷建筑法式，利用盆地平坦的地势，以严谨的中轴线对称布局，两建筑的殿堂都建造得富丽堂皇，给人一种帝王的气势。

▼紫霄宫

紫霄宫和金殿

紫霄宫是武当山现存宫观中规模最大、保存最完整的一座。它的选址与建筑格局，完全是按中国古代风水理论来进行的。它坐北朝南，背倚展旗峰，宫前有禹迹池和金水河。

紫霄宫凭借山势的壮丽，采取欲扬先抑、先疏后密、首尾相顾、遥相呼应的手法建成。紫霄宫的中轴线布置有金水桥、龙虎殿、御碑亭、焚帛炉、十方堂、东西道院、大殿、左右配殿、父母

▲金殿

殿等。紫霄宫的殿堂楼宇鳞次栉比，红墙翠瓦宏大壮观，远远望去威严肃穆，极具皇家道场的气派。

紫霄宫正殿紫霄大殿是砖木结构，重檐歇山式，绿色琉璃瓦屋面。顶部装饰也非同凡响，其正脊、垂脊、角脊上饰以各种琉璃飞禽走兽，上檐翼角为飞龙，下檐翼角为彩凤，脊中立宝瓶。

当然，最令人赞不绝口的还是紫霄大殿内部，不仅飞金流碧、富丽堂皇，而且构思巧妙、深含哲理。整个大殿由 36 根杉木巨柱支撑，暗喻 36 天罡星甘愿为真武大帝效劳；殿内神龛上，供奉着数以百计的神像、供器，多为元、明两代制品，十分珍贵。一尊明永乐年间御制的通体贴金圣像，高达 4.8 米，为武当山泥塑艺术珍品。

紫霄大殿后是父母殿，殿内神龛供着真武的父母明真大帝、善胜皇后的坐像。

金殿巍然屹立在武当山天柱之巅一块面积约 160 平方米的石筑平台之上，朝向为东偏南 8 度。

金殿高 5.54 米，宽 4.4 米，深 3.15 米，为铜与黄金铸造的仿木结构，用插榫、焊接安装而成，但丝毫不见铸凿的痕迹，其工艺达到了明代铜铸艺术的最高境界，是我国古代建筑艺术与铸造工艺结合而成的稀世杰作。它历经 600 多年的风雨酷暑，至今仍金光灿灿，体现了古代匠师们高超的技艺。

殿内正中宝座上供奉着真武神像，像高 1.86 米，重 10 吨左右。这是全山尚存的造型最美的一尊真武神像，为明代雕塑艺术珍品。在真武神像前的御案下，有铜铸鎏金龟蛇，蛇绕龟腹，首尾相对，造型美妙，栩栩如生。

令人惊奇的是，殿内金案上的神灯长明不灭。这是因为金殿造得严丝合缝，密不透风，殿内空气不能形成对流，所以即使是殿外狂风怒吼，殿内神灯也丝毫不受影响。在高山之上，气温变化大，金殿的金属构件热胀冷缩得厉害，在这种情况下既要焊接严密，又要不留痕迹，实属不易。

金殿是武当山的象征，是武当道教在明皇室扶持下走向鼎盛的标志。金殿所在的天柱之巅海拔 1612 米，在全武当山地形最高，所以站在金殿上，有君临天下之感。

值得一提的是，全武当山只有金殿采用了皇宫规格的重檐庑殿顶的建筑形式。金殿建成后，武当山形成了以金殿为中心、全山建筑与之相吻合的建筑格局。

乐山上雕刻大佛

乐山石刻弥勒佛坐像，以其巍峨雄伟俯视大千世界的气势闻名于世。它是世界第一大佛，故有“山是一尊佛，佛是一座山”之说。乐山大佛具有很高的建筑价值，是全人类的共同财富。

大佛雕刻在一座山上

乐山大佛位于岷江、青衣江、大渡河三江汇流处的岩壁上，开凿于唐玄宗开元初年（713），完成于唐德宗贞元十九年（803），历时约90年。

▲乐山大佛

这尊雄伟的佛像高71米，其头长14.7米、宽10米，耳朵长7米，鼻长5.6米，眉长5.6米，嘴巴和眼睛长3.3米，颈高3米，肩宽24米，手指长8.3米，从膝盖到脚背28米，脚背宽8.5米。这尊佛像比山西大同云冈石窟最高的大佛还要高出三倍，故有“山是一尊佛，佛是一座山”之说。

▼近观乐山大佛

在大佛左右两侧沿江崖壁上，还有两尊身高超过16米的护法天王石刻，与大佛一起形成了一佛二天王的格局。大佛右边留有唐代开凿大佛时留下的施工和礼佛通道——九曲栈道，近代在左边开凿有礼佛的栈道。佛像雕刻成之后，曾建有七层楼阁覆盖，时称“大佛阁”，但佛阁屡建屡毁，宋元明都重建过佛阁，可最终还是废毁殆尽。

海通和尚想镇住河妖

乐山大佛开凿的发起人是海通和尚。凌云山下乃三江汇聚之处，每当汛期，山洪暴发，常常毁坏农田，倾覆舟楫。

为了制服江水，海通和尚立志要开凿一尊大

▲乐山大佛的大耳

佛来镇住水妖。于是海通和尚四处化斋，在解决资金问题后，开始了艰难的开凿过程。海通和尚死后，他的徒弟继续修造大佛。90 年后，乐山大佛开凿完成，耸立在岷江、大渡河、青衣江汇流之处。

为了纪念海通和尚，后人在凌云山竖立了海通和尚的塑像，塑像高约 2 米。

大佛是完美的雕刻建筑

乐山石刻弥勒佛坐像，以其巍峨雄伟的气势闻名中外。其实，细究他的形体结构，是很有趣味的。

发髻用石块嵌就：大佛顶上的头发，共有螺髻 1021 个。发髻是以石块逐个嵌就。螺髻表面抹灰两层，内层为石灰，厚度各为 5 ～ 15 毫米。

两耳以木为之。长达 7 米的佛耳，不是原岩凿就，而是用木柱作结构，再抹以锤灰装饰而成。大佛隆起的鼻梁，也是以木衬之，外饰锤灰而成。

排水系统遍布全身。乐山大佛具有一套设计巧妙、隐而不见的排水系统，对保护大佛起到了重要的作用。在大佛头部的 18 层螺髻中，第 4 层、9 层、18 层各有一条横向排水沟，分别用锤灰垒砌修饰而成。衣领和衣纹也有排水沟，正胸方向左侧分流的水沟，与右臂后侧水沟相连。两耳背后靠山崖处，有洞穴左右相通。胸部背侧两端各有一洞。这些巧妙的水沟和洞穴，组成了科学的排水、隔湿和通风系统，千百年来保护着大佛，防止了大佛被侵蚀、风化。

乐山大佛是石刻建筑艺术的无价之宝，是全人类的共同财富。

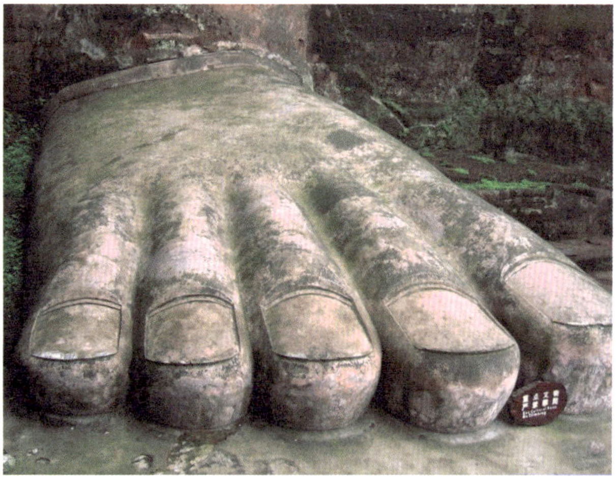

▲乐山大佛的足部

北京白云观建筑特点

白云观是北京最大的道观建筑，据说是唐代的遗物，之后历代都有重修，历经近千年。白云观的设计体现了中国传统建筑中宗教建筑的手法，具有较高的历史价值。

建造的历程

白云观位于北京外城西南角的西便门外，其前身是唐代的天长观。观内至今还有一座汉白玉石雕的老子坐像，据说就是唐代的遗物。1160年，天长观遭火灾被毁，1167年重修，重修后改名为“十方天长观”。1202年，十方天长观又遭遇火灾，翌年重修，改名为“太极宫”。1215年后，太极宫逐渐被荒废。

▲北京白云观正门

元初，丘处机遂命弟子王志谨主持兴建太极宫，历时三年，殿宇楼台又焕然一新。元太祖成吉思汗敕改太极宫为长春观。元末天下大乱，长春观逐渐荒废。明初重建长春观，并易名为白云观。清初，对白云观又进行了重修，基本奠定了今日白云观之规模。

丘处机

丘处机（1148—1227），字通密，道号长春子，山东登州栖霞人，全真道掌教。丘处机早年学道，拜全真教祖师王重阳为师。1219年，丘处机因率领弟子向成吉思汗宣讲道教教义而被尊称为“神仙”。

建筑的特点

白云观现存建筑均为明清两代所重建，共有大小殿堂50余座，由南至北分为中东西三个部分，建筑面积达1万余平方米。

主要殿宇位于中部的中轴线上，依次有山门、灵官殿、玉皇殿、老律堂（七真殿）、邱祖殿、三清阁和四御殿以及后花园。这些殿堂广泛吸收中国南北方宫观、园林

▲邱祖殿

建筑的技法，修建得十分美丽，尤其是后花园，无论是亭台楼阁还是树木山石，均精巧别致。

山门建于明代，为砖石结构，有拱门3个。山门门楣上方挂有“敕建白云观”匾额。门前有石狮、华表等物。山门对面有一个七层四柱的棂星门，坊额上书“洞天胜境”“琼林阆花”二匾。

灵官殿，面阔三间，进深一间，内供奉王灵官像。

玉皇殿坐落于高大的“凸”字形台基之上，殿内供玉皇大帝神像。

老律堂原称七真殿，为观内道士宗教活动的主要场所。殿内供奉全真道祖师王重阳的七大弟子塑像，丘处机作为大弟子，位置居中。

邱祖殿是一组自成院落的前列建筑，这是全真龙门派后裔奉祀丘处机的殿堂，殿内塑有丘真人像。丘真人手执如意、身着道袍、神采如生。

三清阁和四御殿是与邱祖殿组成院落的正房，上下两层，上为三清阁，下为四御殿。三清阁供奉道教最高尊神玉清原始天尊、上清灵宝天尊、太清道德天尊，四御殿供天神界的四位大帝像。阁两侧有转角翼楼相通，东为藏经楼，原藏有明正统道藏和万历续道藏，后移交北京图书馆；西翼楼为朝天楼或望月楼。

后花园原名为后圃，明清时均曾修缮扩建，由三个庭院连接而成，戒台、云集山房为主体建筑，另外尚有云华仙馆、友鹤亭、妙香亭、退居楼等建筑点缀园中。

白云观东西两部分也分布了一些建筑，东部主要分布有南极殿、斗姥阁和恬淡守一真人塔（又称罗公塔）及寮房；西部主要分布有吕祖殿、八仙殿、元君殿、元辰殿和祠堂院等。

在东西两部分的建筑中，以恬淡守一真人塔最具有建筑学价值。

恬淡守一真人塔是道教塔中的精品，塔为石质，通高约10米，形似亭阁。塔身上覆三重檐屋顶，塔顶采用小八角亭式样，上冠以大圆珠。

白云观是北京最大的道观建筑，体现了中国传统建筑的审美趣味，具有较高的历史价值。

▲罗公塔

梁思成发现佛光寺大殿

梁思成经过长途跋涉，在佛教圣地五台山的众多佛寺中，发现了两座唐代的佛寺，其中佛光寺大殿作为唐代木结构建筑的代表，在建筑艺术上有着极大的价值。中国的木结构建筑源远流长，在世界建筑中别具一格，千百年来一直是中华民族建筑文化的象征。可以毫无愧色地说，佛光寺大殿的木结构建筑不但是中国，也是世界建筑艺术宝库中一颗光彩夺目的珍宝。

梁思成发现唐代古寺

1937年，我国著名建筑家梁思成先生在敦煌石窟中发现了许多幅描绘唐代佛寺盛况的壁画。梁思成认为，唐代是佛教鼎盛时期，兴寺造塔众多，一定会有佛寺建筑古迹遗留下来。梁思成千里寻踪，终于在山西省五台山发现了两座唐代佛寺，佛光寺大殿便是其中一座。这座大殿在建筑艺术和技术上有着极大的价值。

▲梁思成与夫人林徽因

佛光寺地处五台山边缘的偏僻地区，它默默无闻地在深山中沉睡了一千多年。佛光寺保持了建造年代的原貌，成为研究唐朝木结构建筑的最可靠的“原著”。

梁思成发现佛光寺时，寺里面积尘数寸，气味难闻，但梁思成还是钻入佛光寺的大殿内，攀柱登梁，俯仰细量。最终梁思成发

唐代寺庙建筑的特点

唐代寺庙建筑特点如下：

1. 唐代十分强盛，统治者大力支持建造寺庙，所以唐代兴建的寺庙规模十分宏大。

2. 唐代寺庙建筑群的规划十分合理，着力突出主题建筑。

3. 寺庙里已经拥有了建造大面积木结构建筑的水平，并开始建造砖石结构建筑。

4. 唐代寺庙建筑设计和施工人员技术水平高超，建筑建成后还会在建筑上刻下他们的名字。

▲佛光寺大殿

现了当年建寺时梁下题字的墨迹，确证该寺是唐代所建。佛光寺这一唐代名寺在梁思成的支持下，得以重见天日。

佛光寺的建筑布局

佛光寺坐落在一个向西的山坡上。佛光寺的一系列建筑分别散布在坡地的三层平台上。第一层平台上有两幢金代建造的文殊殿和观音殿，这是后来补建的。

第二层平台上本来有一幢佛光寺最主要的建筑弥勒阁，后来被大火烧掉了。

第三层平台是建于唐代的佛光寺大殿，这是佛光寺最主要的建筑。

佛光寺大殿正面宽七开间，进深四间，可见到木柱、木梁和支承着屋檐的粗大雄壮的木斗拱。大殿的屋顶呈现出缓和、舒展的曲面。屋脊两端各立着一个琉璃鸱尾。殿前还有两棵姿态优美的古柏，它们和大殿相映生辉。

大殿的平面是个简单的矩形，十分简单，但建造者精心布局，使得这个矩形平面在使用上、结构上和艺术上达到了高度统一。

佛光寺大殿建筑风格

大殿外圈有 22 根木柱，内圈有 14 根木柱。外圈木柱的柱头、柱脚之间都有木枋

▲佛光寺大殿近景

相互联结，内圈木柱的柱头间也有木枋联结。在唐代，这种外圈称为“外槽”，内圈称为“内槽”。

内槽的空间比外槽宽大，且又位于大殿正中。内槽的后部还供有佛像，这些佛像的背后均有装饰精细华丽的被称为“背光”的屏做遮护。

大殿屋顶上的梁架分成上下两部分，上下之间用木条组成的方格形天花板分开，这个天花板被称为“平暗”。

大殿的后部有一个矮佛坛，坛上布置了20多尊佛像。

整个大殿的平面虽然是个简单的矩形，但因为用了层层衬托的手法，创造出了异常丰富的内容。

佛光寺是一幢木结构建筑。木柱、木梁的连接都是靠榫卯。榫卯的特点是越压越紧，因此大殿所有的外圈木柱都略微向里倾倒，同时大殿正面一排柱子并非完全一样高，而是两边的比中间的都略微升高一点，这样使整个结构产生了一个向里的压力，使梁柱之间的榫卯联结更紧密了。另外，木柱的柱头部分被加工成曲线，这可以使柱子与梁架、斗拱的连接更方便。这些处理方法，在结构受力与建筑艺术方面，与举世闻名的古希腊帕提农神庙有着异曲同工之妙。

可以毫无愧色地说，建于唐大中十一年（857）的佛光寺大殿，不但是中国，也是世界建筑艺术宝库中一颗光彩夺目的珍宝。

重新发现印尼婆罗浮屠

印度尼西亚的婆罗浮屠是9世纪时最大的佛教建筑物。后来因为火山爆发，导致这座佛教建筑物下沉，隐盖于茂密的热带丛林中近千年而不为人知。直到400年之后的1814年，婆罗浮屠才被欧洲人从浓密的树木下的火山泥中发掘出来。从那之后，人们就开始修复婆罗浮屠佛塔。经过了整整一个世纪的修复，婆罗浮屠佛塔又重新放射出瑰丽的佛教艺术的光辉。

佛塔是实心的

婆罗浮屠是实心的，梵语的意思是“山顶的佛寺”。婆罗浮屠是印度尼西亚的一座由100多万块火山岩石块砌成的高大的寺庙建筑。令人惊奇的是，这座佛寺的佛塔是实心的，没有梁柱和门窗。遗憾的是，经过岁月的洗礼，佛塔的地基已大幅下沉，高度也从42米下降到31.5米。据考证，修建这座佛寺共动用了几十万工人，费时70年到80年。

印度尼西亚

印度尼西亚共和国，简称印尼，为东南亚国家。国土面积1904569平方千米。首都为雅加达。全国由约17508个岛屿组成，是全世界最大的群岛国家。与巴布亚新几内亚、东帝汶和马来西亚相接。在印尼这片土地上，曾出现兴盛的佛教及印度教王国。

▲婆罗浮屠的佛像

婆罗浮屠是作为一整座大佛塔进行建造的，这座大佛塔分为塔基、塔身和塔顶三部分。塔基是一个正方形，边长大约118米。塔身共九层，下面的六层（包括塔底在内）是正方形，上面三层是圆形。塔身高4米，由下而上逐层缩小。圆形塔顶是整座佛塔的最高处，离地35米。

佛塔的建筑材料取自附近河流的石料。这些石料被切成合适的大小，由人工手工运至建筑地点。佛塔完工之后，工匠们还在佛塔的外面刻上了浮雕。

佛塔建有良好的排水系统。为防积水，每个角上都有排水孔，整座佛塔共有 100 个这样的排水孔。

各个方向都能看到佛顶

婆罗浮屠声名远扬，不仅因为它的规模宏大，而且其各个部分都具有宗教象征意义。

婆罗浮屠佛塔由塔底、五层塔身和三个圆台组成的塔顶组成。塔底、塔身和塔顶三个部分分别象征三个世界——地域、人间和天堂。从各个方向都能看到这座佛塔的顶端。这象征着信徒在漫漫人生旅途中，通过修行，最终获得正觉和拯救。

▲鸟瞰婆罗浮屠

事实上，婆罗浮屠佛塔本身就象征着一条通往智慧的道路，它代表着佛教的宇宙观念。

佛塔沉寂了四百多年

10 世纪之后，印度教传到印度尼西亚。13 世纪初，伊斯兰教成了印尼人的主要信仰。前有印度教的侵蚀，后有伊斯兰教的夹击，印尼的佛教逐渐衰落。

火山终于爆发，火山灰把这座婆罗浮屠完全掩埋。这个神奇的建筑后来悄无声息地消失了。随着印尼人主流信仰的改变和佛教的衰落，婆罗浮屠逐渐被人荒弃。

1814 年，在地下沉寂 400 年之后，婆罗浮屠才被欧洲人从浓密的树木下的火山泥中发掘出来。从那之后，人们开始修复佛塔。经过了整整一个世纪的修缮，它才重新放射出瑰丽的佛教艺术的光辉。

▲婆罗浮屠的雕刻

缅甸蒲甘王朝崇尚佛教建佛塔

阿奴律陀国王统一了缅甸后，崇尚佛教，并以小乘佛教为国教。蒲甘王朝一共建造的寺庙有 3000 余座，后人粗略统计，当时建造的佛塔的数量超过了蒲甘王朝居民的数量。如今蒲甘王朝建造的寺庙尚留存了 100 余座。

大造佛塔

1044 年，阿奴律陀国王统一了缅甸，建立了一个统一的多民族政权，该政权以蒲甘为首都，故名蒲甘王朝。蒲甘王朝崇尚佛教，以小乘佛教为国教，因而在蒲甘王朝主政缅甸的 240 年的时间内大兴土木，营建了大量佛塔、佛寺。

▲缅甸佛塔受印度影响大都采用小尖顶样式

蒲甘王朝一共建造的寺庙有 3000 余座，后人粗略统计，当时建造佛塔的数量超过了蒲甘王朝居民的数量。如今蒲甘王朝建造的寺庙尚留存了 100 余座。

蒲甘王朝的佛塔建造分为三个时期，每个时期建造佛塔的风格都不相同，都具有各自的特色。

佛塔建造的早期，主要指 850 年至 1120 年。从 850 年到 1044 年，这段时期建造的佛塔深受印度佛窟建筑的影响，基本上是印度佛窟的复制，并没有缅甸本土特色。到了 1044 年后，蒲甘王朝全面统一了缅甸国境，缅甸南部直通王国的很多孟族工匠被蒲甘王朝的阿奴律陀国王俘虏，这些工匠为蒲甘王朝修建了很多孟族特色的佛塔。从 1044 年至 1120 年，蒲甘王朝的佛塔具有印度本土佛窟建筑风格与孟族建筑风格交融的特点。

佛塔修建的中期，主要指 1120 年到 1170 年。这段时期，缅甸的佛塔风格再一次改变，其主要原因是 1113 年阿隆悉都王登基，在他的影响下，蒲甘佛塔的建筑风格进入了过渡时期。这时期的佛塔建筑具有三个特色：一是佛塔所在寺庙的门厅不再采用灰暗的小门，取而代之的是宽敞的大门，而且佛塔上雕刻的铭文也不再使用孟族的文字，而采用缅甸文；二是这些佛塔变矮了，有些佛塔只有两层，甚至有些佛塔仅仅只有一层；三是这时期的一些佛塔因为受到印度菩提迦耶寺的影响，采用了菩提迦耶寺所采用的埃及金字塔式的小尖顶样式。

佛塔建造的晚期，主要指1174年至1300年。这时期的佛塔又变高了，出现了多层数的佛塔。总而言之，这时期的佛塔变得十分高大，塔顶往往高耸入云。

▲瑞喜宫佛塔是蒲甘王朝建造的最古老的一座佛塔

瑞喜宫佛塔

瑞喜宫佛塔是蒲甘王朝建造的佛塔中最为古老的一座，于1031年开始建造。当时主持建造此佛塔的是国王阿奴律陀，他死后，这座佛塔还没有建造完，他的儿子江喜陀王即位后，继续主持建造这座佛塔，最终于1090年建造完成。

瑞喜宫佛塔完全由巨大的石头砌成，塔高50米，非常高大。瑞喜宫佛塔具有蒲甘早期佛塔的特点，是蒲甘早期佛塔的代表。这座佛塔的塔顶高耸，塔身四周有很多小塔和亭台装饰，塔顶上也有精美的装饰，看上去非常富丽堂皇。

瑞喜宫佛塔的塔内，四面都雕刻有姿态各异的佛像，这些佛像的材质是柚木，非常耐腐蚀，能够保存很长时间。

另外，瑞喜宫佛塔的塔内外基壁上都镶嵌有釉陶画，塔内基壁上镶嵌的釉陶画内容是佛本生的故事，塔内基壁上镶嵌的釉陶画上画的是动物的形象。这些釉陶画的制造技艺非常高超，集中体现了古代缅甸的建筑工艺和技艺。

阿难陀塔

阿难陀塔是蒲甘王朝的重要佛塔，坐落于阿难达寺内，阿难达寺因为这座佛塔而著名。为了凸显阿难陀塔的重要性，阿难陀塔被修建在阿难达寺的正中间。

阿难陀塔修建于1091年，属于蒲甘王朝早期佛塔类型。和许多蒲甘王朝早期佛塔一样，阿难陀塔非常高大，高达50米。除此以外，阿难陀塔还具有蒲甘王朝早期佛塔的另一个特点，那就是其建筑风格中掺杂着印度风格，阿难陀塔塔底的基座就是一座四方形的印度大佛窟。

在这四方形基座的四面，都开有大拱门，在拱门内还各有一尊近10米高的立佛，非常雄伟。另外，在大佛窟和塔基的外壁上，也雕刻浮雕，而且数量非常大，达到1183个，浮雕的内容反映的是佛教的故事。

▲阿难陀塔

阿难陀塔因为形体高大，其塔尖直入云霄，又因为塔尖遍体涂满金色，在阳光的照射下，金光闪闪，非常夺目。这样设计，其实是为了显示佛法的伟大。

阿难陀塔主塔四周还环绕着很多小塔、佛像以及各种动物、怪兽的塑像，它们和主塔形成了一个有机的统一体，整体线条很流畅。另外，在这些较小的建筑物的映衬下，阿难陀塔显得更加高大。

总而言之，阿难陀塔整座塔雄伟壮观，显示出古代缅甸蒲甘王国时期建筑工艺的精湛。阿难陀塔是一座集中了缅甸古代建筑技艺之精华的伟大建筑，是缅甸佛寺建筑的活化石，具有非常重要的建筑学研究意义。

玛哈菩提塔

玛哈菩提塔于 1212 年开始建造，经过 22 年的建造，于 1234 年建造完成。玛哈菩提塔有一个重要的特征，那就是该塔是蒲甘地区唯一一座依据印度孟加拉邦佛陀加雅寺的式样建造的佛寺。从这座塔上，我们可以窥见印度佛塔的建筑风格。

玛哈菩提塔和印度孟加拉邦佛陀加雅寺的佛塔一样，整体建筑的外观是由无数的佛龛和佛像组成，整体设计非常别致。玛哈菩提塔墙的外壁上有很多神龛，这些神龛是方形的，用砖砌成，内凹在墙壁内。每个佛龛内部都有一尊坐佛。

第四章
东方古代建筑的巅峰期

中国古代建筑到了宋元时期，迎来了一个发展的巅峰时期。这一时期，出现了许多著名的建筑，譬如木结构建筑的代表作佛宫寺释迦塔、联拱石桥卢沟桥等等。同时期，东南亚的建筑也出现了辉煌时刻，柬埔寨的吴哥王朝建立的吴哥窟堪称东南亚建筑的典范。

佛宫寺释迦塔俗称应县木塔，它与意大利比萨斜塔、巴黎埃菲尔铁塔并称为“世界三大奇塔”。卢沟桥是北京市现存的最古老的石造联拱桥。意大利旅行家马可·波罗十分推崇卢沟桥这座“汗八里的美丽石桥”，说它是“世界上最好的独一无二的桥”。吴哥窟是12世纪吴哥王朝极盛时期的经典之作，它与中国的长城、埃及的金字塔和印度尼西亚的婆罗浮屠并称为古代“东方四大奇迹”。

木构塔式建筑：佛宫寺释迦塔

佛宫寺释迦塔俗称应县木塔，建于辽清宁二年（1056），是世界上现存的最高最古的一座木构塔式建筑。它是中国古典高层木结构的杰作，与意大利比萨斜塔、巴黎埃菲尔铁塔并称为“世界三大奇塔”。

木塔的历史

在中国山西应县有一座900多年前建造的木塔，这就是佛宫寺释迦塔，俗称应县木塔。木塔建于1056年，是当时崇信佛教的统治者辽兴宗耶律宗真（1016—1055）下令修建的。木塔是佛宫寺（原名宝宫寺）的主要建筑物，本名“释迦塔”。塔的平面是八角形，塔身外观是五层六檐。塔高达67.31米，是世界上现存的最高大的古代木结构建筑。这座木塔经历了900多年的风霜雨雪的侵蚀，还遭受了多次强地震袭击，却还巍然屹立，这体现了中国传统建筑技艺的高超！

▲佛宫寺释迦塔

佛宫寺原位于辽应州城的中部。由于明洪武年间将应州城整体向东南迁移了0.5千米，寺的位置也相应由城中变成城西北了。将寺建在城市的中心部位，说明当时的统治阶级高度重视这座寺庙。可以想象，在当时，土红色的应县木塔高高耸立于全城低矮的灰色民居的中央，其景象十分壮观。

应县木塔是保持民族传统特色的楼阁形制的塔。在当时，佛教寺院其实和

鲁班建塔

在山西应县的民间，传说鲁班与妹妹打赌，说他可以在一夜之间盖起一座十二层的木塔。结果，鲁班真的修成了十二层的木塔。只是塔太重，塔身直往地下陷，鲁班便将塔分成两截，上半部被他送到了内蒙古，留下的五层就成了如今的释迦塔。

传统的宅第、衙署没有多大区别，具有明显佛教特征的建筑主要是塔。古印度埋葬佛祖释迦牟尼火化后留下的舍利的一种佛教建筑窣堵波，在汉代时传入中国，与中国本土建筑相结合形成了塔这种具有中国特色的建筑形式。木塔是在中国固有的木结构楼阁的基础上吸取印度佛塔特点而形成的佛教建筑。初期木塔比较低矮，南北朝时期，随着高层木构技术的发展和佛教的兴盛，木塔也越来越高大。著名的北魏洛阳永宁寺塔，高达几十米。

应县木塔是永宁寺塔的进一步发展。这座木塔改方形平面为八角形，使力的分布比较均匀；同时改中心柱为筒型框架的结构方式，这既解放了中部空间，也使塔身更加牢固。这些改进，是古代木结构建筑的一个巨大的进步。

木塔夜间放光

应县木塔内既无灯又无火，可民间传说却道：木塔夜间有放光现象。原来，佛宫寺主持慧能大师为了感谢当地人布施修缮佛殿，当木塔修理完毕，便在塔内放了一颗夜明珠。夜明珠在夜间发光，看起来就像木塔在夜间放光。当地人也都认为木塔夜间放光是吉祥的预兆。

▲近观佛宫寺释迦塔

木塔的建筑结构

全塔建在一个夯土心的砖石基座上，基座分两层，下层方形，上层八角形。在八角形基座上，布置内槽柱、外檐柱以及副阶前檐柱。塔身底层的内槽和外檐角柱使用的都是双柱，砌在一米厚的土坯墙里。柱间用泥土填充夯实，可以防止构架的扭曲，提高了坚固性，保证了结构的稳定。

底层以上设平座夹层，再上是二层，二层上又设平座夹层，这样重叠直到五层。

《营造法式》

北宋建国以后，大兴土木，因而建筑的各种设计标准、规范和有关材料、施工定额、指标急待制定。宋哲宗元祐六年（1091），将作监根据皇帝的诏令，编成《营造法式》，因该书缺乏用材制度，所以北宋绍圣四年（1097）又诏李诫重新编修。李诫以他个人10余年来修建工程之丰富经验为基础，参阅大量文献和旧有的规章制度，终于编成新的《营造法式》。这是我国古代最完整的建筑技术书籍，标志着中国建筑已经发展到了较高的阶段。

各层柱子都衔接而上，每层外檐柱都比下层的外檐柱向塔心退入约半柱。这样设计，既让塔身形成了美丽的曲线，又没有超过结构的合理限度。从整体上讲，下大上小，也正是结构的稳定性所要求的。这座塔是把结构和建筑造型统一起来的一个典范，可以给我们今天建筑设计以宝贵的启示。

值得一提的是，木塔的地基主要由黏土及砂类组成，其承载力远大于木塔的荷载。所以不必担心木塔倾倒。此外，在夏天，塔上居住着成千上万只麻燕，这些麻燕以木塔上的蛀虫为食，可以防止木塔因虫蛀而塌。

木塔的建筑技术

我国木结构建筑技术的发展，从浙江余姚河姆渡遗址出土的带有榫卯的干栏长屋算起，至少已有将近7000年的历史。到辽宋时期，高层木结构建筑的设计和施工已经相当成熟。

对于高层木结构建筑的设计来说，风力是一项不容忽视的考虑因素。像应县木塔这样一个高大的建筑物，特别是建造在北风常年吹过的开阔地带，更不能忽视风力因素。对于这一点，辽宋匠师是有明确认识的。这座木塔在结构、构造上的最大成功，就是它能够经得起这样长时间的自然力侵袭的考验。为了抵制风力以及地震横波的推力，防止水平方向的位移和扭动，古代匠师使用了大批斜撑固定复梁。斜撑固定复梁是撑杆和复梁的组合体，从性能上可分为两大类：一类是使平座内槽系

▲木塔的斗拱

统和外檐系统各自加大它们的稳定性；另一类是使内外两层系统保持它们的相对位置。

另外，木塔里扶梯的布置，也考虑了垂直交通的实用要求。因为楼层比较高，为使扶梯坡度不致太陡，每层都分作两折而上。

全塔的细部构造处理，诸如构件比例、榫卯搭接等处所表现的优秀技法，也是值得称道的。仅以斗拱来说，全塔就采用了60多种式样，这表现了古代匠师建造技巧的纯熟。这些斗拱不但担负了连接梁、枋、柱的任务，而且起到了装饰美化建筑的作用。

▲佛宫寺释迦塔佛像

木塔的斗拱

斗拱是中国古代建筑所特有的结构形式，靠它将梁、枋、柱连接成一体。斗拱能够消耗掉木结构建筑受到大风、地震时产生的位移，起到了调整变形的作用。应县木塔设计有60多种形态各异、功能有别的斗拱，是中国古建筑中使用斗拱种类最多、造型设计最精妙的建筑，堪称一座斗拱博物馆。

这座塔各层都在中部安置有泥塑佛像，但由于塔的进深比较大，自然光线不能直接照在佛像上，只靠微弱的间接光隐约显示。为此，工匠将佛像全部漆金，使得佛像在暗影中也能烁烁发光。

另外，木塔各层中部都设有佛像群，佛像大都是辽代原作。但经后世屡次粉妆，表面色彩粗俗，已经面目全非了。

▲佛宫寺释迦塔

总而言之，应县木塔是中国古典高层木结构建筑的杰作。

印尼受印度佛教影响建筑庙宇

在印度尼西亚的历史上，印度文化对其影响很大，尤其是印度的佛教文化，印度尼西亚也因此建造了很多庙宇建筑。

庙宇的重要地位

庙宇是印尼人祭祀祈祷和与神灵沟通的场所。庙宇在印尼语中是“坎蒂”。“坎蒂”并不特指庙宇，而是泛指印尼的一切古代建筑。由此可见，庙宇在印尼古代历史上，数量是十分多的。

印尼的每一座庙宇，乃至每一座佛塔，都具有独特的风格。这一点和中国庙宇结构大同小异、千篇一律的情况不相同。印尼庙宇的建筑价值主要体现在外观装饰和围墙的雕刻上。这些建筑艺术主要来自于印尼娴熟的工匠之手，他们的灵感来源于对佛教、印度教和大自然的领悟。

印尼的庙宇建筑主要包括巴厘岛象窟寺庙、布沙基寺等。

巴厘岛象窟寺庙

象窟寺庙是印尼巴厘岛唯一的石窟寺院遗址，始建于 11 世纪，发现于 1923 年，是被荷兰考古学家发现的。

巴厘岛没有大象，此寺庙却叫象窟，其名称来源众说纷纭。有人认为如此命名，是因为窟内供奉着象头的智慧神；还有人说之所以叫象窟，是因为巴厘岛有一条象河的缘故；也有人认为之所以叫象窟，是因为象窟寺庙入口处的守门雕塑形似象头。

▼巴厘岛象窟寺庙

象窟寺庙包括三部分：象窟本身、圣泉

池及其他佛教亭阁。

象窟本身是象窟寺庙的主题建筑，是昔日佛教高僧修行之地。象窟的洞窟，被考古学家认为是佛教高僧睡觉的地方。洞穴内还有利用山体岩石雕刻的石头雕像。

圣泉池是一座印度式露天浴池，圣泉池的两边各有三座少女雕像。

象窟寺庙这座印尼古代建筑，综合反映了印尼巴厘岛人民对大自然的敬畏，以及对佛教与印度教的虔诚信仰。

布沙基寺

布沙基寺是巴厘岛的第一神庙，位于巴厘岛东北方阿贡山的山坡上。布沙基寺主要供奉的是印度教的三位主神大梵天、大自在天和妙毗天。布沙基寺至少有两千多年的历史，长久以来一直是僧侣冥想及修身养性之地。

▲布沙基寺

布沙基寺并不是一座庙宇，而是由三十间庙宇综合组成。这些庙宇大多都建造在人造的高台上，各座庙宇之间以台阶连接在一起，构成了一个有机的整体。

这些庙宇的主体建筑是供奉印度教三位主神的塔。这些塔不同于佛塔，呈方形，木结构，有多层，从小到大逐步缩小。这些印度教的塔是巴厘岛最有特色的木塔。

这些庙宇都修有漂亮的围墙，入口处设置有庙门。庙门一般采用对开的凯迪班形式，肃穆而别致，其样子就像印度教的塔祠切开一样，左右两扇门完全分开。

整个布沙基寺最重要的庙是帕那塔蓝阿贡庙。它建在高高的台阶上，因为在它的正殿供奉着印度教的三位主神，从而备受信徒膜拜。帕那塔蓝阿贡庙当中有一条长长的石阶，这条石阶可以通往高不可及的山门。石阶旁边都雕刻有精美的雕塑，描述的是摩珂婆罗战争中的两方，即班达瓦与卡拉瓦两大阵营。雕刻者爱憎分明，班达瓦的脸部雕刻得很英俊，一看就是好人；卡拉瓦看上去横面獠牙，一看就是坏人。

值得注意的是，布沙基寺的这些寺庙并非印度教的庙宇形态，其结构形式反而更加接近于巴厘岛古老的巨石神庙。

大迁徙形成福建土楼

土楼是福建客家人引以为豪的建筑形式，是福建民居中的瑰宝。建筑中具有强烈的人文因素，堪称"天、地、人"三结合的缩影。土楼具有极高的历史、艺术和科学价值，被誉为"东方古城堡""世界建筑奇葩"，是"世界上独一无二的、神话般的山区建筑模式"，是世界民居奇葩。

▲土楼鸟瞰图

土楼建筑材料：三合土

土楼能承载如此巨大的重量，且经风雨数百年而不倒，除了它独特的建筑结构外，其运用三合土来夯打墙体是关键。所谓"三合土"，应该是黄土、石灰和河沙三者的混合物。将这三种原料按一定的比例混合后，用竹片或木槌不断地炼打、翻动，然后堆放停置一段时间，使其中的石灰和黄土互相融合，然后再次炼打、翻动。这样炼打的次数越多、越久则效果越好。用这种三合土夯打的土楼的墙基相当坚实，有着坚不可摧的防御功能。

土楼的历史

土楼，俗称"生土楼"，因其大多数为福建客家人所建，故又称"客家土楼"。土楼民宅散布在闽西的永定、武平、上杭及闽西南的南靖、平和、华安、漳浦等地。土楼高可达四五层，供三四代人同楼聚居。

土楼的造型、装饰和建造工艺世所罕见。它以生土作为主要建筑材料，经过反复揉、舂、压建造而成。楼顶覆以火烧瓦盖，经久不损。土楼是世界上独一无二的山区大型夯土民居建筑。土楼的形状不单是最常见的圆形，还有方形、交椅形等形状。

被列入世界文化遗产名录的46座福建土楼由六群四楼组成，主要分布在福建西部和南部的崇山峻岭中，包括福建省永定县的初溪土楼群和洪坑土楼群、南靖县的田螺坑土楼群和河坑土楼群、华安县的大地土楼群等。

福建土楼产生于宋元，成熟于明末、清代和民国时期。直径66米的集庆楼已届近600岁高龄，直径31米的善庆楼则仅有几十年的历史。

▲初溪土楼群

福建土楼的形成与历史上中原汉人几次著名的大迁徙相关。西晋永嘉年间即4世纪，北方战祸频发，天灾肆虐，当地民众便大举南迁。

福建土楼所在的闽西南山区，正是南迁中原汉人的聚居区域，此地经常有野兽出没，盗匪四起。中原移民聚族而居，共御外敌。为此，这些中原移民依据中国传统建筑规划的风水理念，建造了满足聚族而居的生活和防御要求的土楼。聚族而居的福建土楼是个丰富多彩的小社会。永定承启楼拥有384个房间，最多时曾住过800多人，大家都生活在一起。

土楼依山就势，布局合理，巧妙地利用了山间狭小的平地和当地的生土、木材、鹅卵石等建筑材料，将源远流长的生土夯筑技术在这里推向极致。

▼土楼内部

福建土楼还自成体系，具有节约、坚固、防御性强的特点。史料记载，有一次震级测定为七级的地震，使永定环极楼墙体震裂20厘米，然而它却能自行复合。福建土楼外墙厚一至二米，坚固的大门一关，土楼便成坚不可摧的堡垒，所以说，土楼具有完善的防御功能。为了防火攻，土楼内的门上还设有漏水漏沙装置，这些完备而精致的防御设施，让今天的人们不禁拍案惊奇。

土楼的建造

这些土楼共有的特点是建造工期很长，一般要花两三年时间才能完工，较长的土楼甚至要积数十年、几代工匠的辛劳。因土墙下厚上窄，坚实牢固，“三防”（防风、防水、防震）性能好，有的还能防火（三环土墙便是3道封火墙）。如建于1693年的永定湖坑镇的环极楼，300年来经历了数次地震而安然无恙。永定“资历”最深的馥馨楼，近年人们要在土楼一旁另开一小门，请来石匠用钢凿撬挖数日才开通，这种三合土墙的坚韧程度由此可见一斑。

▲土楼结构

土楼的建筑结构极为规范，房间的规格大小一致。楼内均有天井，可储半年以上粮食，犹如一座坚固的城堡，易于防盗和防匪。由于墙壁较高较厚，既可防潮保暖，又可隔热纳凉。客家人建土楼时，将烟囱砌入土墙内，使厨房免受黑烟污染，十分洁净。

客家先人在建造土楼时，有着自己的一套施工程序，具体如下：

一、施杨公。开工动土要请风水先生选好日期，择定吉时，举行开工仪式，祭拜杨公先师，谓之“施杨公”，意为请杨公先师到场保佑建楼平安顺利。

二、放五星石。石基沟挖好后，砌石基前，选五个形似木火土金水之状的石头，谓之“五星石”，再按五行相生的排列次序和方位置于石基沟内，取万物生生不息之意。

三、上墙枋。石基砌好后，择定吉日良辰上墙枋夯墙。

四、立柱架梁。大墙夯至一层楼高时，开始立柱架梁。

五、上梁。上梁是专指架设大楼正厅屋顶的脊檩，称为“栋梁”。风水先生要给栋梁“开光”“点眼”，然后由泥水、木匠师傅将栋梁抬上屋脊安放好，俗称“安梁”。

六、下墙枋。墙体竣工，俗称“下墙枋”。

七、出水 。新土楼盖瓦完工叫“出水”。至此，土楼的外壳（主体结构工程）便已全部完成。

▲宫殿式土楼

八、安楼门。安装楼门要请风水先生择日选时，校准方向，以期招祥纳福。

九、作灶。作灶即建造厨房的灶台。作灶有许多规矩和禁忌。灶的位置、坐向、尺寸大小都有讲究。厨灶建成之日，便是新居迁入之时。

十、迁新居。装修完毕，建楼大功告成，便可迁入新居了。

土楼的建筑材料主要是沙质黏土、杉木、石料、沙、石灰、竹片、青砖、瓦等。沙质黏土、杉木、石料是建造土楼最基本的材料。

用于夯筑承重墙的沙质黏土，是指沙质黄土、黏土和石灰按一定比例拌成的三合土。建造土楼选择杉木，是因为杉木不但比松木富于弹性，并且不容易腐烂。石料均为花岗石或青石，取自溪河之中或山上。石料主要用于砌墙基，其次用于铺设廊道、天井、门坪、道路等。有的时候，建造土楼还需要较小的鹅卵石，主要用于铺设通廊、道路、门坪和天井。

土楼的建筑布局，最显著的特点是单体布局规整，中轴线鲜明，主次分明。土楼的建筑布局既采用了整齐对称、严谨均衡的布局形式，又创造性地“因天材、就地利”，按照自然条件以及风俗习惯等进行灵活布局。

土楼的主体建筑多采用土木结构，楼内的建筑大多数为砖木结构。土楼内部窗台、门廊、檐角等也极尽华丽精巧，实为中国民居建筑中的奇葩。

土楼建造的工序包括选址、设计、施工。在选址上，土楼一般注重选择向阳避风的地方作为楼址，面向溪河，背向青山。楼址忌逆势，忌正对山坳。若楼址后山较高，建的楼一般较高大，使楼、山配置和谐。土楼的选址还要考虑所建土楼离他们开垦的土地是否太远，耕作是否方便等等。

▼方楼

在设计上，建造土楼的能工巧匠们因地制宜，建造风格又因人因地而异，

还要因经济条件而异，一般优先突出居住功能。

施工是土楼建筑的第三个环节，通常分为备料、择时、挖基、砌石基、夯墙、分层、封顶和装修等步骤。

土楼的分类

土楼分为圆楼、方楼、长方形楼、府第式土楼、宫殿式方楼、五凤楼、围龙屋、走马楼、五角楼、纱帽楼和吊脚楼等多种多样的类型。

圆楼在旧时被当地人称为圆寨，其特点是大门、祖堂等主要建筑都在中轴线上，两边的建筑对称。多环同心圆楼是圆楼的一种完美形式，外高内低，楼中有楼，环环相套，环与环之间以天井相隔、以廊道相通。圆楼的外环呈圆形状，以厚实坚固的土墙承重。楼层越高直径越大的圆楼，土墙也就越厚。多环同心圆楼第二环以内的墙体均用青砖或土坯砖砌成。楼内其他附属建筑如厨房、浴室等墙体也使用同类材料。

方楼的数量居各种类型土楼之冠。方楼四周高墙耸立，防卫功能十分突出。大部分方楼有的四周高度不相等，更多的是前低后高。方形土楼除了大小各不相同之外，其内部布局、结构由于受楼主需求、生活习惯、地理环境等不同因素的影响，也有不同程度的差异。

▲五角楼

长方形楼还可以分成各种类型。在长方形楼中，主楼的平面呈“口”字长方形的占绝大多数，呈“日”字形或“目”字形的为数甚少。“日”字形楼、“目”字形楼一般系后人扩建的。这两种土楼的楼内均设置若干个相通的门，而且正面也设置大门供楼主进出，可谓四通八达。

府第式方楼在专家看来，同样属于方形楼，但两者在建筑布局、结构等方面有着明显的差异。府第式方楼在中轴线上的 3 座楼，前低后高。方楼正面为高 2 ~ 3 层的楼或单层屋，后向为主楼。

宫殿式方楼与府第式方楼有很大的差异。宫殿式方楼的核心部位处于内院之后侧，而府第式方楼的核心部位处于内院之中心，由前、后厅与两边回廊组成小四合院，中心为天井。宫殿式方楼后厅的结构、装饰远比府第式方楼复杂、华丽。府第式方楼的后厅相对比较简单、朴素，与其楼门厅大致相当。

五凤楼形制与府第式方楼、殿堂式围楼相似，楼内也设厅堂，楼两侧为横楼。五凤楼与府第式方楼、殿堂式围楼最大的区别在于，五凤楼前低后高，逐级升高，整个天面的屋脊为 5 层叠，这是后者所没有的，其落差也比后者要大得多，这也是五凤楼得名的由来。以三堂屋为中心的五凤楼含有明确的主次尊卑意识，它是汉族文化发源地——黄河中游地区古老院落式布局的延续和发展。

围龙屋从外观与平面布局来看，由两大部分组合而成，中轴线鲜明。前半部分为"三堂两横"或"两堂两横""两堂四横"的合院式建筑，后半部分为半月形围屋或围楼，祖堂设于中心部位，即第二进的中厅（堂）。围龙屋的承重墙以三合土或青砖为材料。围龙屋前半部分为单层，后半部分一般为两层。围龙屋后半部分的正面除了设一个大门外，还在大门两边各设一个仪门，供住在横屋的主人出入。

走马楼通常倚山而筑，错落有致，形式多样，依地势变化而变化。受地理条件的限制，这种楼一般高两层。与其他种类的土楼相比，走马楼有一个最大的不同之处：走马楼会在二层的外部以杉木架设一条外伸悬空的外通廊。

五角楼的楼体与围墙均随地形而建，平面呈不规则五边形，比其他土楼更富于立体感。此外，永定湖坑镇还有八角楼。这类土楼都设计巧妙，形制新颖。

纱帽楼现存甚少，这种土楼或在溪边的石砌墙上挑出小木屋，后侧连着高大的方形土楼，或半月形土楼与方形土楼组合，前低后高。从正面看去，其形状恰似古代官

▼田螺坑土楼群

永定区和南靖县

永定区位于福建省西南部，总面积2226.5平方千米。通行闽西客家方言，曾是中央苏区，也是福建省八大侨乡。这里有元代清真寺、西陂天后宫、湖坑振成楼、高北承启楼、下洋虎豹别墅等重点文物10余处。

永定区最有名的是振成楼。振成楼完全按《易经》的八卦图布局建造。关门各处自成院落，互不干扰；开门则全楼相通，连成整体。

南靖县最为精美的是田螺坑土楼群。土楼的层层土墙与层层梯田遥相呼应，奇异秀丽。而南靖最高土楼和贵楼虽建于沼泽地，至今却仍岿然不动。

员的乌纱帽。

吊脚楼大多数是商业店面，沿街构筑。前面向着街道或村道，前半部分或三分之二部分为土楼。从正面看，吊脚楼貌似普通的方形土楼，而从后面看，它则貌似中国南方一些地区的干栏式民居。

土楼的命名寓意隽永

土楼不仅在建筑风格上特色鲜明，其名字也很有意义。永定土楼或以方位命名，如东升楼坐东朝西，寓意旭日从东方升起；或为纪念先祖定名，如永定林福成的后代所建庆福楼、福裕楼、振成楼、庆成楼，总不离“福”“成”两字；或以自然环境定名，如环兴楼因三面环水，而本身造型又是环形大圆楼而得名；或为劝勉后人定名，如经训楼、承启楼；或以创业者定名，如福侨楼，为江氏华侨所建，意为华侨福宅。

土楼作为福建客家人引以为豪的建筑形式，是福建民居中的瑰宝。同时又揉进了人文因素，堪称“天、地、人”三方结合的缩影。土楼就地取材，用最平常的土料筑成高大的楼堡，化平凡为神奇，体现了客家人征服自然的过程中匠心独运的创造。

土楼的布局

20世纪60年代后，传统的土楼已基本歇建。如今在闽西和闽南保存有数万座形态各异的土楼，其中永定县和南靖县的数量最多，永定土楼有23000多座。永定县高头乡高北村的承启楼是独特的圆楼造型标本。

▲承启楼

南印度君主修建坦贾武尔神庙

坦贾武尔神庙不仅是一座宗教圣殿，也是朱罗王朝的一座历史、文学、艺术和建筑的纪念碑。坦贾武尔神庙堪称朱罗王朝时期南印度和东南亚寺庙建筑的典范。

神庙的规格

罗阇罗阇一世是印度朱罗泰米尔王朝最伟大的君主，他因为建造了坦贾武尔神庙而留名青史。在他建立或修复的 50 个圣殿中，坦贾武尔神庙是最雄伟的。始于默哈伯利布勒姆的石造寺庙建筑艺术，在这里达到顶峰。

坦贾武尔神庙位于印度东南部的泰米尔纳德邦，建于 1000 年至 1010 年。

▲坦贾武尔神庙正门

指导南印度神庙建筑的规则是特别严格的。譬如修建庙宇的材料只能是石头，要依据宗教教派的类别来决定圣殿的形状、布局和建筑式样等等。这些原则记载在《阿含纪》《瓦斯图》和《工巧论》等著述中。

按照这一套规则，坦贾武尔神庙最终选择在泰米尔纳德邦兴建。选定了庙址后，选择神庙的方位就显得非常重要了，坦贾武尔神庙坐西朝东。

经过长达 10 年的修建，坦贾武尔神庙终于修建完成。整个神庙都是用花岗岩建造的，大部分材料是大型石块，这使得神庙看起来十分威武，而且坚固耐久。

神庙的结构

神庙分内外两层院落，三座门廊把内院与外院分开。第一座门廊建于 15 世纪至 17 世纪，后面两座建于 11 世纪，是朱罗建筑风格。神庙的内院有一圈回廊环绕着，这个回廊长 240 米、宽 120 米。在它的外侧，是用砖墙围成的外院。

神庙的内院内有一座将近 6 米长的雕刻卧像，这是湿婆神的坐骑的像。在内院的至圣之所，供奉着林伽，那是湿婆神的生殖器形象。在林伽的上方高耸着一座高 66

▲坦贾武尔神庙的内部

米、13层的天宫大宝塔。这个建筑物是朱罗艺术的一件杰作，装饰十分精细，塔顶上还饰有8匹公牛。

神庙的主殿是内院内最主要的建筑，是一座满是壁画、雕刻和雕带的辉煌的圣殿。主殿的内墙上刻满了铭文，记载了当时社会、历史、军事史、经济、行政管理、艺术和手工艺的发展情况。墙上还刻着国王和他姐姐赠送的礼物清单，而国王的妻妾、侍从和官吏们赠送的礼物清单则一一列在神龛和寺庙的柱子上。主殿周围有一组保护性的小神殿。

神庙的外院周围有两个矩形附属物：一个是用花岗岩和砖砌成的13层金字塔式的塔楼；另一个是顶部有一个球茎形状雕塑的巨石塔。

罗阇罗阇国王把坦贾武尔神庙变成了他那个时代城市与农村生活的中心。神庙是一座宗教圣殿，同时，也是朱罗泰米尔王朝的一座历史、文学、艺术和建筑的纪念碑。

▲壮观的坦贾武尔神庙

柬埔寨吴哥王朝建造吴哥窟

吴哥窟是 12 世纪吴哥王朝极盛时期的经典之作，以建筑宏伟与浮雕细致闻名于世。它与中国的长城、埃及的金字塔和印度尼西亚的婆罗浮屠并称为古代“东方四大建筑奇迹”。

极盛时期的经典之作

▲吴哥窟标志性雕像

柬埔寨是东南亚历史上最悠久的国家之一，建国于 1 世纪后半叶。9—14 世纪的吴哥王朝，是柬埔寨最为强盛的时期，吴哥王朝创造了举世闻名的吴哥文明。

吴哥窟是吴哥文明的典型代表，以建筑宏伟与浮雕细致闻名于世，堪称世界级历史文化瑰宝。它与中国的长城、埃及的金字塔和印度尼西亚的婆罗浮屠并称为古代“东方四大建筑奇迹”。

吴哥窟又称吴哥寺，位于吴哥王城的南郊，占地达 2 平方千米。吴哥窟由国王苏耶跋摩二世（1113—1150）在位时开始建造，直到阇耶跋摩七世（1181—约 1219）即位后才完工。吴哥窟不仅仅是一个宗教圣地，还是吴哥王国的首都。国王生前将吴哥窟作为自己的寝宫，死后又将这里作为自己的寝陵。

吴哥窟是吴哥王朝极盛时期的经典建筑作品。

吴哥王朝能够建成如此规模宏大的建筑群，是因为吴哥王朝统治的柬埔寨是当时科学文化高度发达的大国。在地理位置上，柬埔寨处于中国、印度、东罗马 3 个文明古国的中心位置，是这 3 个文明古国之间经济和文化交流的桥梁，加之柬埔寨当地物产丰富，农作物都是一年三熟、一年四熟，所以吴哥王朝有财力和能力建造吴哥窟。

正门与广场

吴哥窟布局宏伟，结构匀称，设计庄重，装饰精细，全部建筑用沙石砌成。

吴哥窟整体呈长方形，周围有宽达 190 米、周长约 6000 米的护城河。护城

苏耶跋摩二世

苏耶跋摩二世，柬埔寨吴哥王朝国王。他在位时是吴哥王朝疆域最广的时代。吴哥王朝以印度教信仰为基础。苏耶跋摩二世信奉婆罗门教的毗湿奴派，并为之修建很多庙宇，包括今天吴哥遗迹中最著名的建筑之一吴哥窟。苏耶跋摩二世耗费 30 多年修建吴哥窟，活着时作为宫殿，死后又成了他的陵墓。

▲吴哥窟的正门

河上有一段宽阔的石桥，这是进入吴哥窟的唯一通道。石桥两侧的护栏上各雕刻有1个蛇形水神。蛇形水神的雕刻，经过艺术加工后，变得十分优雅。因为石桥上设置有机关调节护城河水，所以在桥栏上刻上水神，寓有独特的象征意义。

过了石桥就是吴哥窟的正门。这是一个由一块块巨石垒成的门廊，宽度达到250米。门廊里陈列着佛教和印度教神的雕像，而廊壁、石柱、石梁上则布满了精美的浮雕。

穿过门廊，是一个可以容纳数千人的大型广场，这是当年高棉帝国举行盛大典礼的地方。广场中间，有一条长约500米的中央大道，中央大道高出广场地面1米多，全部由巨大的石板铺成。大道两边各有一方水池，盛开的莲花点缀着圣塔的倒影。顺着大道，就可以一步步地走向吴哥窟的主体建筑——主殿。

完美的建筑设计

吴哥窟的主殿建于3层台基之上，大约有20层楼高，台上建有5座尖塔，中央主塔高出地面65.5米。

在第2层平台的四角，各有1座小宝塔。绕平台四周又是一个回廊，里面摆满了神像。在塔体的四面及石柱、门楼上，刻有许多仙女及莲花蓓蕾形装饰。这些人物浮雕造型各异，有的拈花微笑，显得雍容华贵；有的翩翩起舞，姿态优美。

▲吴哥窟的五座尖塔

第3层平台中央耸立着高约70米的主塔，与第2层平台的4个小宝塔组成闻名遐迩的吴哥寺五塔。主塔塔基稳重厚实，塔身飘逸空灵，自下而上越来越细，高耸的塔尖直刺苍穹。

▲吴哥窟

吴哥窟3层平台错落有致，5座宝塔遥相呼应，寺内楼阁重叠，四周林木环绕，建筑与周围环境融为一体。

吴哥窟里，供奉着一个四方石台，石台中间有一截圆头的石柱。这个圆头的石柱就是男根的写照。附近有一个方形的石容器，这是女阴的象征，这就是印度教中崇高而伟大的神祇——林伽。

林伽

印度人把生殖崇拜的象征物叫林伽，又叫灵甘。据说瑜伽之神希瓦就是诞生于一个正在燃烧的林伽上。在印度神话里，林伽就成了生殖能力的保护神。以生殖器形象出现的各种林伽，在印度的宗教信仰中，是印度人礼敬的对象。

朝拜者及香客常常将清水淋到这石雕的男根上，让水流到石容器中，盈满女阴，祈祷世俗生活将更加美满并繁衍出更多的后代。

▲吴哥窟的浮雕

吴哥窟的浮雕闻名于世。在主殿周围的底层平台上，环绕着长达800米、高约2米的精美浮雕长廊，据说它是世界上最长的浮雕长廊。浮雕的题材取自印度两大史诗《罗摩衍那》《摩诃婆罗多》。

吴哥窟内还保存了几组巨大的浮雕图。浮雕描绘了印度史诗《拉玛亚那》中记载的拉玛寻找被恶魔掠夺了妻子的故事，还描述了天堂和地狱的场景，预示着好人升天、坏人下地狱的佛教思想。

另外，浮雕的内容还包括国王与他的宫院的描述、阅兵的图案等。

神奇的建筑构造

吴哥窟的建筑并没有使用任何水泥或灰浆，只是把一块块平整的巨石整齐地排列或叠加在一起，但令人奇怪的是，巨石中间竟然没有任何缝隙，完全依靠巨石的重量和平整程度来使它们紧密结合。要达到如此紧密的程度，需要以丰富的数学和物理知识为基础的精确计算。由此可见吴哥文明建筑工艺之高超。吴哥寺的建筑坚固、稳定，却没有使用任何水泥或灰浆，这在世界建筑史上都是一个奇迹。

吴哥窟建筑的内部建有合理、完备的排水系统。从建筑物的顶部到底部，以及寺庙各部分都建了明暗通道、纵横交错的排水管道。这套排水系统将雨水引至寺内四个大蓄水池，供祭祀者在朝拜之前洁身之用，可谓一举两得。

重新发现的建筑奇迹

吴哥文明的建筑之精美令人望之兴叹，然而在15世纪初，吴哥地区突然人去城空。在此后的几个世纪里，吴哥地区变成了树木和杂草丛生的林莽与荒原，直到1861年生物学家穆奥重新发现了这一建筑奇迹。

令人费解的是，穆奥发现这个遗迹以前，连柬埔寨当地的居民对此都一无所知。吴哥文明为何一下子就中断了，众说纷纭，如今已成一个无法解开的谜团。

▲吴哥窟全景

独一无二的卢沟桥

卢沟桥是北京市现存的最古老的石造联拱桥，虽历经 800 多年的风吹雨打浪蚀，它依然“无比坚固”。卢沟桥桥身结构坚固，造型美观，具有极高的桥梁工程技术和艺术水平。意大利旅行家马可·波罗十分推崇卢沟桥这座“汗八里的美丽石桥”，说它是“世界上最好的独一无二的桥”。

历经沧桑的桥

卢沟桥，曾称芦沟桥，坐落在北京市西南约 15 千米处，在丰台区永定河上，因横跨卢沟河（即永定河）而得名。卢沟河因为河水经常泛滥成灾，河道迁移不定，又称无定河。清代康熙年间，对河道大加疏浚，彻底解决了河道迁移不定的问题，因此改名为永定河。

▲卢沟桥

2000 多年前的战国时代，卢沟桥一带是有名的渡口。不过，当时的卢沟桥只是枯水季节的小型木桥和水量较大时的浮桥或渡船。

12 世纪中叶，金朝定都北京后，北京与南方地区的交通变得繁忙起来，大定二十九年（1189），金章宗完颜璟下令在卢沟桥一带建造一座永久性的石桥。明昌三年（1192）三月，石桥正式竣工，当时名叫广利桥。

> **金章宗**
>
> 金章宗完颜璟（1168—1208），金世宗完颜雍孙、完颜允恭子。完颜璟在位 19 年，后病死，享年 41 岁。金章宗自幼学习儒家文化，即位后，推行“仁政”之治，进行全盘汉化改革，不断完善各种政治经济制度，实现了女真族的彻底封建化。

卢沟桥建成以后，一直是兵家必争的要地。桥落成 19 年后的金大安三年（1211），“一代天骄”成吉思汗亲率大军南下，在卢沟桥与金军发生了激烈的争夺战。1214 年，金中都落入蒙古军之手，成吉思汗走过卢沟桥，进入中都城。几十年后，他的孙子元世祖忽必烈经过卢沟桥来到北京，正式定国号为元，将北京建成元大都。

百余年后，一代枭雄朱元璋派兵北伐，一场血战，打败元军，夺下卢沟桥。元顺帝弃下都城，向北逃跑，徐达等踏过卢沟桥进入北京。

1937 年 7 月 7 日，卢沟桥一声枪响，点燃了抗日战争的熊熊烈火。从此，卢沟桥便成了中华民族不屈不挠的精神象征。

卢沟桥的建筑构造

▲卢沟桥桥面

卢沟桥全长 266 米，宽约 8 米。卢沟桥为十一孔联拱桥，全桥由 11 孔圆弧形的石拱组成，拱洞由两岸向桥中心逐渐增大，净跨度自 11.4 米至 13.45 米不等。卢沟桥拱圈的砌筑方法，运用的是框式横联法，此法构筑的石拱桥整体受力更为均匀。

卢沟桥有 10 座石砌桥墩，一墩挑两孔，把 11 个石拱联成一体，承受力均匀，分担桥面重量。因此，卢沟桥是一座“多孔厚墩联拱”桥。厚墩联拱是单孔拱的集合，每个厚墩都能承受单孔拱的推力，一孔毁坏，不影响其他孔。

这 10 座石砌桥墩的设计也别具匠心：桥墩前尖后方，迎水面砌作三角形的分水尖，每个分水尖顶上还装上了三角形铁柱，铁柱以其尖锐的铁角迎击漂流而来的冰块以及分开河中的洪流，减少冰块和洪水对桥墩的冲击力。

800 多年来，历经沧桑的卢沟桥一直肩负着繁重的交通任务。卢沟桥桥面设计得十分平坦，坡度很小，其设计之初，就是为了便于行车。多少年过去了，卢沟桥桥面经受了无数次碾压却风采依旧。卢沟桥的桥身基本保持原状，只进行过一些局部修缮。

20 世纪 70 年代，一辆 400 多吨重的超限大件平板车要通过永定河，旁边的卢沟新桥（公路桥）不能承受，倒是这座 800 多岁高龄的卢沟桥，顺利承受了 400 多吨的重量，让平板车平安地通过，这再次证明了卢沟桥的坚固。

卢沟桥的石雕狮子

卢沟桥又是一个巨大的建筑艺术杰作：桥两头各有一对左右对峙的华表，桥面两侧的护栏是用汉白玉雕成的，两侧的护栏各有望柱 140 根和 141 根，每个望柱上都雕有狮子，形态各异，无一雷同。

“卢沟桥的狮子——数不清”，这句流传颇广的歇后语由来已久，四五百年前明代的书籍中就有这样的传说了。原来，卢沟桥上的石狮子不仅数量众多，而且大小不一，位置变化无常，大狮子身上还刻有小狮子。这些小家伙们东躲西藏，神出鬼没，你稍不留心，便发现不了。

▲卢沟桥的石狮

20 世纪 60 年代初，文物部门，采用编号清点的办法，查清卢沟桥上有大狮子 281 只，另在桥东端有顶着栏杆的石狮子 2 只，华表顶上有狮子 4 只，其余小狮子 198 只，总计 485 只。后来在桥下又发现一只，计为 486 只。80 年代复查，竟数出小狮子 214 只，多出了 16 只。

汗八里的美丽石桥

▲卢沟晓月

卢沟桥自建成之后，就是南北交通的枢纽，也是一处重要的景点。其“卢沟晓月”之景，古今闻名，早在 700 多年以前，“卢沟晓月”就被列为“燕京八景”之一。现在，桥东头的碑亭内还立有一块清代皇帝乾隆题写的“卢沟晓月”碑。这儿也是离开京城、送客话别之地，元代两位最杰出的戏剧家关汉卿、王实甫，曾于此挥泪饯别，天各一方，并留下了以卢沟桥为内容的戏剧。

早在 13 世纪，著名的意大利旅行家马可·波罗就十分推崇卢沟桥这座“汗八里的美丽石桥”，说它是“世界上最好的独一无二的桥”。他在《马可·波罗游记》中记载，永定河上有一美丽石桥（卢沟桥），各处桥梁之美没有谁能比得上。

随着《马可·波罗游记》的传播，卢沟桥名扬海外。

自 1985 年以来，卢沟桥卸下了公路运输桥的重担，成为著名的北京旅游景点。历尽沧桑的卢沟古桥，是中国先人勤劳、智慧的物证。

马可·波罗

马可·波罗（1254—1324），意大利人，世界著名的旅行家和商人。他在中国游历了 17 年，曾访问过当时中国的许多古城。回到威尼斯之后，马可·波罗写出《马可·波罗游记》，记述了他在中国的见闻。这本书激起了欧洲人对东方的热烈向往，对以后东西方新航路的开辟产生了巨大的影响。

▲壮观的明代建筑

▲精致的明代建筑

第五章
东方古代建筑的辉煌成就

中国古代建筑在明清时期取得了巨大的发展。在这一时期，中国的建筑取得了一个又一个辉煌的成就，朝鲜半岛的建筑也进入了全面发展时期。

紫禁城是明代建造起来的最著名的建筑群，是中国现存的规模最大、保存最完整的古建筑群。它完美地体现了中国传统文化的博大精深，代表了中国宫殿建筑艺术的最高成就。明十三陵是明代的另一个著名建筑，这个体系完整、规模宏大、气势磅礴的陵寝建筑群，在世界建筑史上享有盛誉。

海印寺是韩国最著名的佛寺。该佛寺的大藏经版库建筑内部能自动换气和进行温湿度调节，完整地将藏经保存了数百年之久，让世人惊讶。

尼泊尔玛拉王朝兴建庙宇

在尼泊尔玛拉王朝时期，大力兴建寺庙，使尼泊尔建筑得以发展。玛拉王朝时期著名的庙宇建筑有塔莱珠女神庙、库姆西斯瓦寺塔、尼阿塔波拉塔等。

王朝建庙知多少

▲斯瓦扬布寺

玛拉王朝是尼泊尔历史上的重要王朝。在玛拉王朝时期，尼泊尔修建了大批庙宇、佛塔、神龛和殿堂，其数量非常多，有“庙宇多如住宅，佛像多如居民”之说。

玛拉王朝建造的寺庙、宫殿等建筑使用的材料都是砖块和石头。而且建造这些寺庙、宫殿的工匠多来自尼泊尔的尼瓦尔族。尼瓦尔族工匠精心打造的这些建筑物，不仅是尼泊尔人的居住空间，也是尼泊尔人的精神空间。

玛拉王朝的这些建筑，基本上可以分为两个形态，一种是佛教寺庙建筑，一种是印度教寺庙建筑。

其实，早在玛拉王朝之前，尼泊尔就建造了很多著名的建筑，譬如斯瓦扬布寺。由于玛拉王朝的建立，又大大促进了尼泊尔建筑的发展。

在玛拉王朝时期的著名建筑中，有塔莱珠女神庙、库姆西斯瓦寺塔、巴坦王宫、55 扇宫、尼阿塔波拉塔、黑天神庙等。

斯瓦扬布寺

斯瓦扬布寺建于 3 世纪，位于加德满都市西，是尼泊尔最古老的佛教寺庙。斯瓦扬布寺的主要建筑是建立在山顶的大佛塔。

大佛塔是一座巨型舍利塔，平面呈四边形，拥有一个白色的巨大穹窿形屋顶，屋顶的上方有一个方形基座。基座的四周绘有四对眼睛，传说这是“佛眼”，可以看清楚世间的真假是非。方形基座的上方竖立着一座很高的锥形塔，塔锥为 13 层阶梯，锥形塔顶部为一尖形塔冠。锥形塔上面装饰有铜片和金箔，在阳光的照耀下，闪闪发光，增加了大佛塔的神秘感。

斯瓦扬布寺是尼泊尔同类寺院中年代最久远的一座，斯瓦扬布寺的大佛塔是世界上最大的佛塔。

▲塔莱珠女神庙

塔莱珠女神庙

塔莱珠女神庙，位于尼泊尔首都加德满都，由玛拉王朝皇家所建，建于 1549 年，是加德满都最高的寺庙建筑。塔莱珠女神庙还是一座具有典型的尼泊尔建筑风格的寺庙建筑，该女神庙具有尼泊尔建筑特有的绚丽风格。

塔莱珠女神庙的台基高达 12 层，其中第 8 层最宽，下面 8 层台基没有装饰物，第 8 层以上的台基四周立有雄狮、怪兽和力士石雕。塔莱珠女神庙就建在第 8 层台基上。塔莱珠女神庙在东西南北四面建有四个入口，其中南面的入口为神庙的正门，被称为金门。

▼库姆西斯瓦寺塔

在金门的门楣上，安放着塔莱珠女神，这也是塔莱珠女神庙名称的由来。这位塔莱珠女神仪态端庄，身材健美，手中握有剑、戟、棒、环等多种武器。

女神庙的庙檐由一排排木柱支撑，檐柱上刻满了女神像。女神庙有 3 层顶檐，全部以镏金铜质瓦板铺盖。女神庙顶部为镏金宝顶。晴天的时候，女神庙的镏金宝顶和铜质顶檐在阳光的照耀下，金光闪耀，非常漂亮。

因为玛拉王朝对塔莱珠女神非常尊崇，所以他们把塔莱珠女神庙建造得比一般寺庙高大，塔莱珠女神庙高达 40 多米。

库姆西斯瓦寺塔

库姆西斯瓦寺塔位于尼泊尔的库姆西斯瓦寺。该塔在历史上，曾于 14 世纪末、17 世纪和 19 世纪分别重建，其高度也从最初的 3

层上升到5层。

现存的库姆西斯瓦寺塔实际上是19世纪的建筑，但基本保持了17世纪的形态。

库姆西斯瓦寺塔的一层平面为两重砖承重墙，外层的那重承重墙用来支撑塔的第一层屋顶，中间的承重墙用来支撑二层以上的屋顶。随着塔层数的增加，塔身向内收分，收分的程度很大。塔各层的挑檐很深，采用斜撑支持。

库姆西斯瓦寺塔这座建筑具有尼泊尔建筑的传统风格，并融合东亚早期佛教木塔和东南亚寺塔等宗教建筑的建筑元素。

尼阿塔波拉塔

尼阿塔波拉塔，建于1708年，位于尼泊尔巴德冈。尼阿塔波拉塔是一座印度教寺庙建筑，里面供奉的是“成就吉祥天女”。为了表达对天女的崇敬，建筑师在塔内的108根木柱上雕刻着天女的各种化身。

尼阿塔波拉塔拥有五重屋顶和方形基座，基座分为五层，每层基座的石阶两旁都立有一对威严的石雕像。第一级石阶上立着金刚大力神贾亚·马拉和帕塔·马拉的石像，高约2.5米。第二级石阶上是一对大象。第三级石阶上是一对狮子。第四级石阶上是一对鹰头狮身的狮鹫怪兽。最高的石阶上站立的是辛格希尼女神和巴希尼女神。

尼阿塔波拉塔的塔身用木头建造而成。塔顶可分为五层，每层都有四方形的屋檐向外伸展，支撑着塔庙的画柱雕梁，色彩斑斓，并刻有神像。这反映了玛拉王朝后期建筑和雕刻艺术水平非常高超。

据尼阿塔波拉塔基石上的铭文记载，当时的玛拉王国的国王曾亲自背运砖石建塔。所以，在国王精神的感召下，工匠们将尼阿塔波拉塔修建得非常壮观。尼阿塔波拉塔无论是木雕还是铜饰、图案，都非常精细。

尼阿塔波拉塔高约36米，是尼泊尔全国最高的印度教寺庙建筑。

▲尼阿塔波拉塔

朝鲜王朝时期抑佛重儒建新宫

朝鲜王朝时期，即1392年至1910年，受中国的影响，佛教备受冷落，而儒家思想在朝鲜兴盛起来。统治阶级也执行抑佛重儒的政策，这导致朝鲜大地上寺院建筑活动大为减少，而儒家的祠堂以及各种儒家书院的建筑发展起来。此时期，朝鲜的建筑，主要是木结构，建造的主要建筑有昌庆宫、宗庙和昌德宫。

昌庆宫

昌庆宫是朝鲜王朝第4代君王世宗大王为其父太宗所建的别宫，建于1484年。昌庆宫这座建筑群很有特色，其中的弘化门与正殿明政殿显示了当时建筑艺术崇尚华美的风格。

昌庆宫正门是弘化门。弘化门屋顶从两边观看时，呈梯子貌，为17世纪初期木结构建筑。通过此门便见到玉川桥。朝鲜的宫殿效仿中国的宫殿，在正门后有一条小河，河上总是有一座拱形桥，玉川桥便是如此设置的拱形桥。它拥有其他宫殿无法比拟的优美。

▲昌庆宫

穿过玉川桥，经过明政门，便到达朝鲜王朝国王办公的明政殿。

明政殿是昌庆宫的正殿，不同于其他宫殿，明政殿是朝北而不是朝南的。之所以如此设置，是因为明政殿的南侧埋着朝鲜王朝先王的宗庙，根据儒家思想，宫殿是不能朝宗庙方向开门的。

通明殿是昌庆宫中最大的内殿，是大妃的住处，也是内宫权力斗争的中心。在这座内殿里，曾发生过很多历史事件和传说故事。

在昌庆宫内，还有观天台，这是韩国古代观测风雨的地方。

在昌庆宫的北边还有一个叫春塘池的大池子。这座大池子内有一半是水田，朝鲜

▲宗庙

国王在每年开春的时候，会在此耕田以体察农情。在日本占领时期，水田被毁，全部建成池塘，成为日本侵略者们泛舟嬉水的地方。

1909年，日本侵略者将昌庆宫改造为昌庆园，内设动物园和植物园。这座昌庆园具有现代建筑的特点，使用的建筑材料是钢铁和玻璃，昌庆宫因此而严重受损。一直到1984年，宫殿才得以开始修复工作。

宗庙

宗庙位于首尔市钟路区勋井洞，包括正殿和永宁殿等建筑物。

宗庙建于1396年，在朝鲜王朝迁都时建成，后来历代都曾扩建。宗庙是祭祀朝鲜王朝的历代王和王妃的祠堂。在宗庙内，皇室祖先的神殿铭记着朝鲜王朝历代国王及王后。

和复杂又华丽的中国太庙相比，韩国宗庙的特点是正面很长，装饰简单，色调很少。之所以如此安排，是因为建造者遵循的是儒家的简朴精神。

在建筑布置上，宗庙没有统一的中轴线，依自然地势而建，建筑很巧妙地利用位次秩序和节制的概念，成功地做到了整体的统一性。

宗庙内的永宁殿建于1421年，属于宗庙的偏殿，位于宗庙的西边。由于和宗庙在一个院内，所以李氏王朝在建造时，没有大张旗鼓地装饰，反而故意将形式简单化，以免抢了宗庙的风头。

昌德宫

昌德宫始建于朝鲜王朝永乐三年（1405），位于首尔北岳山东麓，取名“昌德宫”是“勉人君昌德之意”。昌德宫初建时设有正殿、报平厅、便殿、正寝厅等建筑，后又增设楼阁、寝殿、石桥、敦化门、仁政殿等建筑。

昌德宫是朝鲜半岛上的一座中国式宫殿，在建造时依据了中国《周礼》的礼制，具有宫苑结合的独特性。昌德宫的建造完全按照自然地形，自西南向东北依次排列正殿仁政殿、便殿宣政殿、寝殿熙政堂、中殿大造殿等建筑。昌德宫是朝鲜王朝最具有自然风貌的宫殿之一。

昌德宫目前保存13座建筑，这些建筑主要分为外朝、治朝、燕朝和后苑四个部分。外朝为大臣值班和从政的地方；治朝则以仁政殿和宣政殿为中心，这里是昌德宫最具建筑学价值的部分；燕朝以熙政堂和大造殿为中心，是朝鲜王朝国王的起居生活的场所；后苑是昌德宫的后花园，位于昌德宫后方，占了昌德宫总面积的四分之三。

▲昌德宫

正门敦化门是昌德宫最重要的建筑之一，木结构，是首尔最古老的宫门。

仁政殿是昌德宫的正殿，是朝鲜国王处理国事（包括登基、会见外国使节）的地点。仁政殿高大庄严，殿内装饰华丽，设有朝鲜国王的御座。殿前有花岗石铺地和三面环廊等附属建筑。

宣政殿是朝鲜国王会见大臣，商讨、处理日常朝廷政务的地点，拥有东西两个别室，分别是昭德堂和宝庆堂。

熙政堂是国王寝殿。1483年被火焚毁，1496年重建，后又发生两次火灾。重建的熙政堂并没有按照原样修建，而是在日本侵略者的主持下，在殿内铺设了现代建筑常用的木地板、地毯、玻璃窗和吊灯。

大造殿是朝鲜王妃的寝殿。大造殿的东寝室为丽日殿，西寝室为净月殿，东别室为凝福亭，西别室为玉华堂。1917年被烧毁，后重建。重建所用的材料拆自景福宫康宁殿。

乐善斋位于昌德宫东南隅，为大妃居所。乐善斋是一座典型的朝鲜式木质建筑，院内陈列着王室使用的马车和末代之君朝鲜纯宗所使用的早期汽车等。

昌德宫的后苑是昌德宫的后花园，在朝鲜壬辰倭乱时被全部毁坏，后重建。后苑分为后园、北园、北苑、禁苑四部分，内有多座亭阁，并有荷塘和2600多棵几百种不同的树木。后苑是朝鲜国王和王妃的私密游所，也被称为“禁苑”或“内苑”。秋天枫叶变红的时候，昌德宫后苑的景色十分美丽。

永乐建造紫禁城

紫禁城是中国现存的规模最大、保存最完整的古建筑群，同时也是世界上最大的皇宫。历经五百多年的朝代更替，这座城中之城辉煌依旧，壮丽依旧。紫禁城以其规划严谨的整体布局，巍峨壮丽的宫殿建筑，完美地体现了中国传统文化的博大精深，代表了中国宫殿建筑艺术的最高成就。

营建紫禁城

▲紫禁城建筑群

明代开国之君朱元璋，建都城于南京。朱元璋死后，长孙朱允炆继皇帝位，为建文帝。此时，封地在北平的朱棣是建文帝的最大威胁，建文帝决定削除朱棣的藩王之位。朱棣不甘束手就擒，以“清君侧”为名起兵南下，攻占南京，夺取了皇位，为永乐皇帝。朱棣即位后改北平为北京。

北京自辽金始即为京都之一，元朝又定为大都，历经数百年，已是一座繁荣的大都市。朱棣自封藩北京后，又苦心经营了 20 多年，可以说，北京是他的“龙兴之地”。朱棣深知北京的战略地位极其显要，是防范北元残余势力的一道屏障，因此在即位初年，朱棣正式下诏营建紫禁城，准备迁都北京。

紫禁城的规划设计由泰宁侯陈硅和工部侍郎吴中负责。主持营建的匠师有蒯祥、蔡信、陆祥、杨青等。另外，全国各地的 10 万能工巧匠和 100 多万夫役参与了此项营建工程。紫禁城的建造是一项庞大的工程。

光是建造紫禁城所需的 100 吨的大石头，都是从 69 千米外搬运至北京城内的。在当时的技术条件下，运送重达 100 吨的石头是非常困难的。有人说，是修建紫禁城的工匠独辟蹊径，先挖渠连接北京城与石头产地，再利用水运将这些石头运到城内的。也有人认为，工匠们利用冬季道路结冰的条件，在冰面上滑动大石头，将其运到城内。因此，工匠们会在冬季修出一条道路，并每隔半公里就挖一口井，以获得水源并倾倒在道路上，使之结冰，形成一条“冰路”。

修建紫禁城的各种木料、石料、砖瓦料的备料工作就消耗了近十年时间，再加上兴建的时间，修建紫禁城一共使用了14年时间。紫禁城于1406年开始建造，1420年完工。1421年，朱棣正式将都城从南京迁至北京。

蒯祥

蒯祥（1399—1476），今江苏人 。蒯祥的父亲蒯富，有高超的技艺，被明王朝选入京师，当了总管建筑皇宫的木工首。蒯祥自幼随父学艺，蒯富告老还乡后，儿子已在木工技艺和营造设计上成名，并继承父业，出任木工首，后任工部侍郎。曾参加或主持多项重大的皇室工程。负责建造的主要工程有北京皇宫（1417）、皇宫前三殿、长陵（1413）、献陵（1425）、裕陵（1464）、北京西苑（今北海、中海、南海）殿宇（1460）、隆福寺（1452）等。

紫禁城建筑分布

紫禁城平面呈矩形，南北长960米，东西宽750米，占地72万平方米。紫禁城的城池包括城垣、城门楼、角楼、护城河和守卫的房舍等。

▲午门

紫禁城的城垣，高约10米，底面宽8米多，顶面宽6米多。墙体中心用夯土垫实，外部用城砖包砌，坚固异常。城垣的外围再环以宽52米、深6米的护城河（俗称筒子河）。

门是紫禁城中的一项重要设置，它是封闭的庭与庭之间的通道，不仅起到交通枢纽的作用，还有分隔各宫、禁卫安全的功能。

紫禁城有四座城门，南为午门，北为神武门，东为东华门，西为西华门。城门的墩台，都用白灰、糯米、白矾作胶结材料，坚固结实。墩台的两侧，各有锯齿形礓䃰式坡面的马道转折而上。

午门在四座城门中最为壮观。它是紫禁城的正门，平面呈“凹”字形，秉承了古代宫门双阙的遗意。

午门有五个门洞，当中的正门平时只有皇帝才能出入。午门正中门楼左右的两座阙亭，内设钟鼓。何时鸣钟、何时击鼓，都有规定。譬如皇帝祭祀坛庙，出午门时鸣钟；皇帝祭祀太庙时则击鼓。

明代，每年农历正月十五上元灯节，在午门楼上张灯结彩，午门外悬灯千盏，皇帝亲临观灯，与民同庆并赏赐百官。国家如遇战争，大军凯旋，皇帝要登上午门，接

▲太和殿

受“献俘礼”。

神武门是紫禁城的北门，门楼五楹，重檐庑殿顶，明称玄武门。神武门上设有钟鼓，用以起更报时。明代在门外设有内市，每月初四开市，届时商贾云集，热闹非凡。

东华门和西华门门外置有下马碑。皇帝死后，梓宫（棺材）由东华门出入，朝臣及内阁官员进出宫禁也走东华门。

紫禁城城墙四角，各有一座三重檐十字脊，是四面显山、四出抱厦的角楼。角楼造型别致，结构精巧。角楼与四门城楼遥相呼应，是登临瞭望的防御性建筑。

群体组合的完善

紫禁城是在元大都大内的基础上兴建的。紫禁城的总体设计，集中体现了中国传统的礼制观念，突出了帝王至高无上的绝对权威。紫禁城建在北京城的中心，这种选址的方法，源于周代“择中”的思想，王者居中是礼制的需要。

紫禁城除了自己的城垣体系之外，更有皇城和外城两重方城层层相围，形成“城中城”之势。一条贯穿紫禁城的中轴线，向南经端门、承天门、大明门至皇城正门正阳门，直达外城的南门永定门，向北经万岁山（景山）、厚载门（地安门）延至钟鼓楼，全长近 8 千米。皇帝的龙椅就位于这条中轴线的中心。传说皇帝坐在龙椅上，将所有的宫门大开，顺着中轴线望去，可以看到北京城的尽头。

中国古代建筑之宏伟，不以单体建筑的壮丽而彰显，而以群体组合的完善而著称。

▲乾清宫

在紫禁城有近千座建筑，100 多座院落。每个院落都是封闭的相对完善的空间，自成体系。它们以南北中轴线为中心，井然有序地组合成一个有机的整体。

雄伟的紫禁城，最集中、最完整地体现了中国宫殿建筑的传统和精髓。

紫禁城与故宫博物院

如今，皇帝已去，紫禁城已经成为历史。故宫博物院成了紫禁城的代名词。但紫禁城这座中国传统建筑群，却静静地矗立在北京城的中央，向世人诉说着传统建筑所承载的历史文化。

建筑是人类历史文化的纪念碑，伟大的建筑往往成为一个城市、一个民族，甚至一个国家的象征物。紫禁城就是这样的象征物，故宫是中华传统文化的一个载体。紫禁城所代表的是已经成为历史的文化。

曾经的紫禁城，如今的故宫博物院，是世界上极少数同时具备艺术博物馆、建筑博物馆、历史博物馆、宫廷文化博物馆众多特色，并且符合国际公认的“原址保护”“原状陈列”基本原则的博物馆和历史建筑遗产。

泰国举国因佛建寺

泰国素有“佛国”之称，泰国共有佛寺3万余处，金碧辉煌的佛寺是泰国最为显著的标志。泰国国内最具有建筑特色的佛寺有柴迪隆寺、卧佛寺、玉佛寺和云石寺。

因佛建寺

泰国素有“佛国”之称，佛教文化十分发达。在泰国的艺术中，佛教是一个抹不去的因素，所以说，泰国的建筑深受佛教的影响。佛教对泰国建筑的影响主要体现在佛寺与佛塔的建造上。据说，泰国共有佛寺3万余处，仅曼谷一地就500多处，可谓遍地是佛寺。金碧辉煌的佛寺是泰国最为显著的标志。

典型的泰国寺庙，一般由两部分构成，分别是僧舍与大殿。除此以外，一些寺庙里还建有戒堂、佛塔、藏经室等。

在历史上，泰国的都城一直都是寺庙最为集中的地区。泰国的都城一直在南迁，从清迈、大城一直迁到现在的曼谷，就这样，泰国就逐渐形成了分别以清迈、大城和曼谷为中心的寺庙建筑群。

泰国国内著名的佛寺有柴迪隆寺、金佛寺、卧佛寺、玉佛寺、云石寺和柴瓦塔那兰寺。

▼柴迪隆寺

柴迪隆寺

“柴迪隆”在泰文中的意思是“大塔”，柴迪隆寺的名称源自寺庙中央的那座兰纳式四方形大佛塔。柴迪隆寺建造于1411年，是由兰纳王国萨孟玛王兴建的，兴建的目的是供奉兰纳王国萨孟玛王的骨灰，因此柴迪隆寺也被称为“隆圣骨寺”。但是兰纳王国一直政局不稳，柴迪隆寺的修建也受其影响，时断时续，一直到提洛卡拉王（1441—1487）当政时期才最终完工。

柴迪隆寺的地位非常崇高，深受泰国信众的崇敬。柴迪隆寺的中部大佛塔是该寺主体建筑。这座大佛塔融合了兰纳、印度、斯里兰卡多种风格，非常具有建筑学的研究价值。后来，这座大佛塔经过历朝历代的屡次增建，不断增高，最终形成了高达 90 米的超高佛塔。据说站在大佛塔的塔顶，可以看到一千里之外的景色。

1447 年，提洛卡拉王在该寺举行著名的第 8 届世界佛教会议，该寺因此举世闻名。但不幸的是，在 1545 年，清迈发生大地震，大佛塔深受影响，塔顶塌毁。此后，在 16 世纪的泰缅战争中，大佛塔又遭兵祸，高度从 90 米降到 60 米。

1992 年，联合国教科文组织出资修复大佛塔，但大佛塔的顶部并没有修复，如今仅存塔身。如今，大佛塔的四个方向已摆上新的佛像，南侧的墙上摆放了 6 只大象雕塑，但只有一个是保留下来的原作，而由于多年风吹日晒，大象雕塑的鼻子、耳朵均已损坏。

佛塔后面有两座殿堂，殿堂内都陈列着端坐的身披袈裟的高僧蜡像。殿堂内还有一个小屋，里面陈列有一尊大肚子的坐佛。

大佛塔东面的神龛原供奉一尊玉佛像，1545 年大地震后，玉佛像移至曼谷玉佛寺。如今摆放的是复制品。

卧佛寺

卧佛寺是泰国最古老的寺庙之一。卧佛寺建造于泰国艾尤塔雅时代的 1793 年，后来经过几次重建，成为泰国最大的寺庙。卧佛寺之所以闻名，在于庙内供奉着世界上最大的卧佛。这尊卧佛的高度达到 15 米，长度达到 46 米。卧佛每只脚的脚底就长达 5 米，在脚底上还刻有佛像 108 个，雕刻手法非常精到。

▲卧佛寺内的卧佛

卧佛寺的卧佛右手托头，全身侧卧，悠然于佛坛之上，姿态的塑造非常自然流畅，表现出了当时建筑施工人员的高超的技术水平。卧佛寺的殿堂四壁还装饰有描写佛祖生平的巨型壁画，壁画表现出的绘画技巧也非常高超。

卧佛的建造工程是十分浩大的。首先要用砖石砌成卧佛的样子，然后用金箔在卧佛的身上贴漆，然后，还要在如此巨大的卧佛身体上雕刻出一个又一个精美的图案。因为卧佛十分巨大，所以雕刻十分费时费力，但建造者出于对佛祖的信仰，最终完成了卧佛的建造工作。

卧佛寺除了卧佛之外，还有很多著名的建筑。

卧佛寺的德莱佛堂十分华丽，它的王冠形尖顶、彩色的尖顶和屋顶、十二角的四方殿，都是极尽华丽之作。德莱佛堂的门，还镶嵌着彩色瓷片，也非常华丽。

卧佛寺之中，除了卧佛外，还有很多佛塔，大小佛塔加起来近百之多。这些佛塔或贴满金箔，或镶满彩瓷，蔚为壮观。安放在寺内走廊柱上、壁上及牌厅上的石碑，也是卧佛寺重要的建筑特色。

如今卧佛寺已是曼谷最大、最古老的寺院了。

玉佛寺

泰国玉佛寺建造于1784年，位于曼谷大王宫的东北角，是泰国最著名的佛寺，也是泰国三大国宝之一。玉佛寺因寺内供奉着玉佛而得名，是泰国皇族供奉玉佛像与举行宗教仪式的场所。

▲玉佛寺

玉佛寺位于泰国大王宫内，是大王宫的一部分。玉佛寺的整体建筑宏伟壮观，几乎集中了泰国各佛寺的建筑特点。寺内有玉佛殿、先王殿、佛骨殿、藏经阁、钟楼和金塔。

玉佛殿是玉佛寺的主体建筑，大殿内雕梁画栋、金碧辉煌，玉佛像就供奉在大殿正中的神龛里。玉佛高 66 厘米，宽 48 厘米，是由一整块碧玉雕刻而成。玉佛前还有两尊佛像，每尊所用的黄金重量为 38 千克。玉佛殿的门、窗都是方形尖顶状，框上贴满金箔，门板及窗板则镶嵌着贝壳。玉佛殿的四壁上画有佛祖成佛的事迹的壁画。玉佛殿的前后殿门外共有 6 只守门铜狮，这些铜狮张口挺胸，塑造得十分传神。

玉佛寺内还有一个壁画长廊，长约 1 千米，长廊上绘制的壁画是 178 幅彩色连环画，画的题材是印度古典文学《罗摩衍那》。另外，玉佛寺内的几块大瓷屏风上彩绘的是中国《三国演义》的故事。

玉佛寺整体建筑的特点有两点：一是玉佛寺内的各座建筑均采用尖顶装饰，其中最著名的尖顶建筑是金塔、藏经殿和先王殿，这些尖顶上还有金箔等装饰物；二是玉佛寺的建筑装饰十分华丽。

云石寺

云石寺，位于曼谷市北的阿育它亚路，始建于1350—1767年，拉玛二世时代进行了一次重修，1899年又增建了长廊、藏经阁、佛学院等。

云石寺全部由大理石建成，所用的大理石从意大利的卡拉运来，所以，云石寺的建筑富有较浓厚的西方色彩，是泰国佛寺建筑中最富有西方色彩风格的寺庙。

▲云石寺

云石寺里供奉着泰国历代各种佛像50尊，云石寺的屋顶覆盖中国琉璃瓦，所以云石寺是一座融合了中国、印度等佛教造型艺术风格的寺庙。

云石寺主殿修建得十分华丽，内供一尊高约3米的释迦牟尼金佛。主殿内还塑有清拉佛像，这是泰国著名的彭世洛佛像的复制品。

主殿的窗户拥有西欧教堂建筑风格，泰国工匠又在窗户上用彩色玻璃拼成泰国式花格图案。主殿大门两侧还有石狮子守卫。

在主殿后面，有一个以云石铺地的大庭院。庭院三面围着走廊，泰国历代各时期的各种类型的佛像都陈列在这条环形回廊上。这些佛像共计51尊，被视为19世纪佛像雕刻的典范。另外，主殿后的抱厦佛龛中，立有他瓦叻瓦蒂艺术时期的佛像。

此外，云石寺寺内还建有不少华丽的亭台，寺庙的对岸还建有云石钟楼。

明十三陵追求与自然结合

明十三陵的地面建筑包括了13个陵墓和一个神道，是一个体系完整、规模宏大、气势磅礴的陵寝建筑群。长陵为十三陵之首，居正中位置，其余12陵均在其两侧排列开来。这种陵墓的布局方式，阐释了封建中国持续五千余年的世界观与权力观。

十三陵的形成

十三陵是明代13个皇帝的陵墓群，位于北京城北40多千米的军都山南麓的天寿山。

▲长陵

明代自开始到灭亡，历时277年之久，前后共有16位皇帝。这些皇帝中，除了明太祖朱元璋、建文帝朱允炆、明代宗朱祁钰之外，其余13位皇帝均葬在十三陵。

这13位皇帝和他们的陵墓名称为：明成祖朱棣，长陵；明仁宗朱高炽，献陵；明宣宗朱瞻基，景陵；明英宗朱祁镇，裕陵；明宪宗朱见深，茂陵；明孝宗朱祐樘，泰陵；明武宗朱厚照，康陵；明世宗朱厚熜，永陵；明穆宗朱载垕，昭陵；明神宗朱翊钧，定陵；明光宗朱常洛，庆陵；明熹宗朱由校，德陵；明思宗朱由检，思陵。

十三陵的营建工程历时230多年，陵区面积达40余平方千米，是中国最大的皇帝陵墓群。十三陵除了埋葬着13位皇帝，还埋葬着23位皇后以及贵妃和殉葬宫人等。

明太祖朱元璋建立大明朝，定都南京，自己也葬在南京，为什么他的子孙们的陵墓却建在北京呢？这是因为朱元璋死后，新即位的建文帝见叔叔朱棣手握重兵，要“削藩”，夺取朱棣的兵权。朱棣趁机发动了“靖难之役”，率兵攻占南京，夺取了皇位。为了消除夺侄儿皇位的恶名，巩固北方边防，朱棣决定迁都北京。永乐四年（1406）开始大规模修建北京城。第二年又派礼部尚书前往北京寻找“吉壤”，准备建陵。不久，朱棣就下令开建他自己的坟墓陵园——长陵。

为什么朱棣急于迁都？

明成祖朱棣的皇后是明朝开国功臣徐达的长女。朱棣十分宠爱徐皇后，但徐皇后年寿不永，她只做了四年皇后就在永乐五年（1407）的七月离开了人世。按照礼制，皇后应该葬在都城附近。此时朱棣虽有迁都北京的打算，但明朝都城尚在南京，朱棣不愿意徐皇后孤零零地葬在南京，所以筹备和建造明代在北京的第一座陵墓就成为朱棣迫在眉睫的大事。于是朱棣一边派人去北京寻找安葬之地，一边加快迁都北京的步伐。

徐皇后的梓宫一放就是六年，一直到永乐十年三月，明长陵主体工程开始结顶了，朱棣这才将徐皇后北运下葬。所以说，明成祖迁都北京与他急于在北京修建长陵，两者有着千丝万缕的内在联系。

十三陵的建筑结构

十三陵的地面建筑包括13个陵墓和一个神道。神道是一条7千米长的大路，也叫神路。神路全部用汉白玉石料建成，表面饰以云龙、卧兽，这是我国现存最早最大的一座仿木结构建筑的石雕艺术品。

▲大红门

神路的起点是一座巍峨高大的石牌坊，这是整个陵区的起点。石牌坊以北是大红门，这是陵区的正门。大红门再北，就是1000米长的陵道。陵道两侧排列着18对石像。这些石像都是用整块的巨石雕刻而成，两两相对，栩栩如生，一直忠实地守卫着神圣不可侵犯的皇家陵寝。

神路的尽头是棂星门，也称龙凤门。过棂星门往北，就是十三陵中修建最早、规模最大的长陵了。

长陵为十三陵之首，居正中位置，其余12陵均在其两侧排列开来。长陵占地面积约10万平方米，其建筑特点是主要建筑建造在一条中轴线上，附属建筑对称地建于两旁。

长陵的祾恩殿是十三陵中唯一保存完好的大殿。此殿建成于1427年，是我国现存的最早最好的楠木大殿。此殿的规模是参照故宫太和殿的样子而建，面阔九间，进深五间，建筑面积近2000平方米。最令人惊叹的是殿内60根柱子，全部用整根的金丝楠木做成。

祾恩殿又名享殿，是进行祭祀活动的殿堂，明代每年的三大祭、四小祭，都在殿

▲棱恩殿

内举行。

棱恩殿后面高耸着明楼，该楼建在高15米、形似小城堡的方城（宝城）上。明楼是全陵的制高点，登楼眺望，远近的山川田野与陵墓诸建筑尽收眼底，景色优美。

明楼后是宝顶，宝顶底下就是安葬朱棣及其皇后的地宫了。

定陵的内部建筑结构

考古工作者于1956年5月开始对十三陵中定陵的地宫进行科学发掘，揭开了地下宫殿的面目。

定陵是明朝第13个皇帝神宗朱翊钧的陵墓。朱翊钧在21岁时就开始为自己建造陵墓，历时6年，花费白银800万两。

定陵地下宫殿距地面27米，总面积1195平方米，由5个高大宽敞的殿堂连接组成，全部采用筒形石拱结构。前殿和中殿连接成一个长方形的通道，长58米，宽6

▼定陵地宫

米，高 7.2 米。中殿两侧是各长 26 米的左右配殿。后殿是地宫的主要部分，也是最大的殿。在后殿里，汉白玉砌成的棺床上安放着 3 口棺材——分别是朱翊钧和孝端、孝靖皇后的棺材。两旁 26 只红漆木箱里装满了殉葬物品，其中最珍贵的是金丝编成的金冠和凤冠，可谓举世无双的国宝。

李约瑟

李约瑟（1900—1995），英国近代生物化学家和科学技术史专家，英国剑桥大学李约瑟研究所名誉所长。来过中国数次，先后任英国驻华科学参赞，中英科学合作馆馆长，1946 年赴巴黎任联合国教科文组织自然科学部主任。著有《中国科学技术史》《化学胚胎学》《中国科学》《科学前哨》《中国神针：针灸史及基本原理》等，特别是其所著《中国科学技术史》对现代中西文化交流影响深远。他提出的关于中国科技停滞的李约瑟难题也引起各界关注和讨论。他为中国培养了一批优秀科技史学家。1994 年被选为中科院首批外籍院士。

定陵地宫自建成至今，历时 400 多年，仍完整如初，可见当年建筑技艺之高超。

建筑与自然的结合

在中国传统风水学说的指导下，十三陵从选址到规划设计，都十分注重陵寝建筑与大自然山川、水流和植被的和谐统一。明十三陵作为中国古代帝陵的杰出代表，展示了中国传统文化的丰富内涵。

英国著名科学技术史专家李约瑟称赞十三陵说：“皇陵在中国建筑形制上是一个重大的成就，它是建筑与风景相结合的最伟大的例子。”英国城市规划家爱德蒙·培根也高度评价了明十三陵的艺术成就。他认为“建筑上最宏伟的关于‘动’的例子就是明代皇帝的陵墓”。

2003 年明十三陵被列入《世界遗产目录》。世界遗产委员会的评语是：十三陵依照风水理论，精心选址，将数量众多的建筑物巧妙地安置于地下。它体现了传统的建筑和装饰思想，阐释了封建中国持续五千余年的世界观与权力观。

▲与自然融为一体的明十三陵

世界上最大的祭天建筑群

天坛是世界上最大的祭天建筑群，以严谨的建筑布局、奇特的建筑构造和瑰丽的建筑装饰著称于世。它还是中国古代建筑最富有表现力的范例。天坛于1998年11月被列入《世界遗产名录》。

天坛的由来

▲鸟瞰天坛

中国的皇帝也被称为“天子”，祭祀天地被皇帝看作是最高的国务活动。中国皇帝祭天的地方叫天坛。北京的天坛始建于明代永乐十八年（1420），是明清两代皇帝祭天的地方。

北京的天坛位于北京南城正阳门外，永定门内东侧。它东西长约1700米，南北宽约1600余米，占地近3平方千米，有内外两道围墙。外墙原来只有一座西门，为正门。内墙有四门，称东、西、南、北“四天门”。整个天坛因此被分为内坛和外坛。内坛一分为二，南为圜丘坛，北为祈谷坛（祈年殿），天坛就是这两坛的总称。

天坛最初叫天地坛，在此地合祭天地。明嘉靖九年（1530），皇帝分祀天地，决定将此处只做祭天之所，另建地坛祭地。天地坛自此改称天坛。

西安天坛

西安天坛位于西安南郊天坛路南，初建于隋而废弃于唐末，它是隋唐皇帝进行祭天活动的礼仪建筑，其历史比北京明清天坛早1000多年。从隋初到唐末，隋文帝以及唐代的21位皇帝都曾在此进行过隆重的祭天礼仪。

“无论从规格级别，还是历史年代来看，西安天坛都无愧于‘天下第一坛’称号。”中国社会科学院考古研究所副研究员何岁利这样说。北京天坛只有5.4米高，西安天坛高8米；北京天坛只在四面有台阶，西安天坛12面都有台阶。所以相比之下，西安天坛更符合周礼礼治。

天坛的建筑风格

天坛内的祭天之处是圜丘坛，圜丘坛共分3层，每层四面各有台阶9级。古人常用“九”来表示至高至大，因此这座圜丘坛所有的石板、栏杆、栏板、台阶等，都与“九”字有关。

坛上层直径9丈（30米），中层直径15丈（50米），下层直径21丈（70米），合起来45丈（150米），不仅是9的倍数，而且还有“九五之尊”的含义。

▲圜丘坛

圜丘坛的中心是一块圆形大理石。从中心的圆形大理石向外，是3层台面，每层都铺有9环扇面形状的石板，上层第1环为9块，第2环为18块……第9环为81块。中层从第10环的90块起，亦以此类推。这些石板形状相同，大小一致，几百年至今，接缝依然严密无隙，使后人不得不钦佩古代工匠高超的工艺技术水平。

▲皇穹宇

更奇妙的是，当你站在圜丘坛中心的圆形大理石上说话时，就会听到非常洪亮的回音。这是古代工匠的艺术杰作，但当年的封建统治者却硬说这是上天垂象。

圜丘坛往北是它的附属建筑皇穹宇，这是专为供奉“皇天上帝”牌位而建。皇穹宇是一座青色琉璃瓦攒尖顶圆形大殿，高19.5米，直径15.6米。它以8根檐柱支撑屋檐，8根金柱支撑屋顶。整座大殿构造精致，外貌瑰丽，殿外围有圆形矮墙。墙身用磨砖对缝砌筑，表面平整光滑。

皇穹宇的北面是成贞门。从成贞门到祈年殿有一条甬道，叫丹陛桥。甬道南端高出地面80厘米，北端则高出地面2.4米以上。这样一来，通过甬道从南向北向祈年殿行走，是一个缓慢的上坡过程。当初皇帝在行走的时候，可以看到两边的树木在不知不觉间变低了，皇帝自然会产生一种身临天境的感受。古代的工匠用如此简单的办法为当年的皇帝创造了接近上天的意境。

走过漫长的甬道，穿过庑殿式门屋，就是祈年殿。

祈年殿高32米，直径达24米多，是昔日北京城最高的几座建筑物之一。它有三圈木制柱子，这些柱子分别承托了各层屋檐的重量。祈年殿是我国古代木结构建筑的

二十八宿

二十八宿是中国古人为观测日、月、五星运行而划分的28个星区，用来说明日、月、五星运行所到的位置，每宿包含若干颗恒星，被广泛应用于中国古代天文、宗教、文学及星占、星命、风水、择吉等术数中。

这28个星区自西向东分别为：东方苍龙七宿（角、亢、氐、房、心、尾、箕）；北方玄武七宿（斗、牛、女、虚、危、室、壁）；西方白虎七宿（奎、娄、胃、昴、毕、觜、参）；南方朱雀七宿（井、鬼、柳、星、张、翼、轸）。

▲祈年殿

▲天坛中的丹陛桥

典范。

最富有表现力的建筑群

整个天坛，只疏朗地布置圜丘坛、丹陛桥和祈年殿等少量建筑，其余空间满植翠柏。圜丘坛、丹陛桥和祈年殿都高出这些翠柏，站在这些建筑上，放眼望去，可以看到树梢。这样就衬托出一种与天相接的效果。另外，天坛主要建筑都是圆形，而圆形建筑简单、明确的形体，能给人造成庄严、肃穆的效果。所以说，天坛是中国古代建筑群中最富有表现力的一例。

明清两代，天坛是皇帝祭天的圣地，任何人不可侵犯。但1860年英法联军攻入北京后，曾闯入天坛，大肆掠夺。1900年，这里又成为八国联军的司令部和兵营，天坛再遭蹂躏。

中华人民共和国成立以后，天坛经过多次维修，是第一批全国重点文物保护单位。

韩国海印寺的藏经库

海印寺是韩国最著名的佛寺。寺中主要建筑是大藏经版库，里面存放着13世纪问世的世界级文化遗产——高丽大藏经版。大藏经版库是朝鲜初期传统木制建筑式样，非常优美。

▲海印寺建筑群

海印寺是韩国最著名的佛寺，位于庆尚南道伽耶山南侧山麓陕川郡红流洞溪谷的尽头，是朝鲜的佛经收藏地。

海印寺初建于朝鲜新罗时期的802年，由顺应、利贞两位大师所建。后因多次遭受火灾，被烧毁殆尽。朝鲜李朝末年重建，主要建筑有一柱门、凤凰门、解脱塔、九光楼、冥府殿、大寂光殿、法宝殿、藏经阁等。

海印寺之所以闻名于世，主要是寺中有一座藏经版库，里面存放着13世纪问世的世界级文化遗产——高丽大藏经版。大藏经版具有很高的艺术价值和文献价值。

储藏大藏经版的版库建成于1488年，是世界上唯一一座保管大藏经的建筑。

大藏经

大藏经为佛教经典的总集，又名一切经、契经、藏经或三藏，内容包括经、律、论。大藏经编纂，始于释迦牟尼涅槃不久。其后又增加了有关经、律、论的注释和疏解等“藏外典籍”。

大藏经版库位于海印寺的中轴线上，是海印寺现存建筑中最古老的建筑。藏经版库的木结构建筑形式属早期朝鲜传统建筑风格。该建筑用简洁的方式进行了处理，只具备了作为版库所需要的功能，而没有进行任何装饰，前后面窗户的位置和大小互不相同。

▲储藏大藏经版的版库

尤其令人称奇的是，该建筑完整地将大藏经保存了数百年之久，却丝毫没有损毁。

研究发现，该建筑能够保持良好的通风、防潮效果，室内的温度也保持在一定范围之内，而且版架的陈列装置等都非常科学，这是大藏经版能够完整地保存到今天的重要原因。

泰国阿瑜陀耶时期城池被毁

泰国的古城建筑与宫殿建筑都很简朴，而且结构通畅，便于空气流通。著名的阿瑜陀耶城在1767年被缅甸军队烧毁。曼谷王朝开国君主拉玛一世打败入侵者后建成宏大的大皇宫建筑群。这些泰国建筑的样式，是泰族和外来样式的混合，很有特色。19世纪起，泰国因为沦为半殖民地国家，其建筑样式也吸收了很多西欧建筑的风格，呈现出多样化特色。阿瑜陀耶城、曼谷大皇宫、皇太后行宫是泰国的代表性古建筑。

阿瑜陀耶城被毁

阿瑜陀耶城位于湄南河谷，距离曼谷88千米。

在阿瑜陀耶王朝时期，乌通王鉴于湄南河谷是个易守难攻之地，又是三条河流的交汇处，土地也肥沃，便于1424年开始在此地建造城池，阿瑜陀耶城因此诞生。有人说，乌通王建阿瑜陀耶城还有一个目的，是为了纪念和保存他长兄的骨灰。阿瑜陀耶城也成为阿瑜陀耶王朝皇宫所在地。

▲阿瑜陀耶城遗址

在曼谷还是一个小渔村的时候，阿瑜陀耶城已经是一座繁华的大都市了。阿瑜陀耶城在16世纪就是亚洲最大和最富有的城市之一，它的人口总数超过百万，是东西方往来贸易的中转站。

据史书记载，当年的阿瑜陀耶城内王宫瑰丽，佛塔如林，其商业之繁华，更是在东南亚首屈一指。路易十四的使臣当时曾这样描述阿瑜陀耶城："我不曾见过比阿瑜陀耶城更秀丽的城市了，这里有大量精心雕琢的寺庙。"

阿瑜陀耶王朝的国王笃信佛教，在阿瑜陀耶城建有舍利塔和巨大的寺院，这些庙宇建筑风格深受印度、缅甸和高棉的影响，具有很高的建筑艺术价值。

阿瑜陀耶城内遍布窣堵波。这里的窣堵波陡峭挺拔，与缅甸塔的风格非常相似。

窣堵波的四个方位都建有门廊，门廊上的装饰也很精美，上面设有圆锥形的小塔。覆钵形窣堵波塔身与塔顶之间是圆柱形舍利塔，但这种舍利塔形体较小。另外，阿瑜陀耶城还遍布了2000座镀金尖塔式的庙宇。

不幸的是，阿瑜陀耶城的繁华引起了邻国缅甸的觊觎。1767年，缅甸军队占领阿瑜陀耶。缅甸军队对城市大肆掠夺，然后放了一把大火，将城内的所有王宫、佛寺、城门、民宅全部焚毁，就这样，泰人不得不把都城迁往曼谷。

如今只能看到阿瑜陀耶城的残垣断壁，现仅存3座建于15世纪的佛塔，其雕刻、线条、造型、建筑技巧等都富有特色。

在阿瑜陀耶城的残垣断壁中，还有一座胜利大佛塔，它建于13世纪。大佛塔所在的整座寺庙建筑宏伟精致，寺内现以卧佛和宝塔著称。大佛塔的周围排列有数十座坐佛雕像。

此外，在湄南河畔，阿瑜陀耶城还保留一处佛寺遗址，有十几座佛塔，在夜间，灯光照射着尖塔群，显得肃穆奇壮，令人感叹。

建筑曼谷大皇宫

大皇宫紧邻湄南河，是曼谷中心一处大规模古建筑群，共有古建筑28座，总面积0.22平方千米。

曼谷王朝开国君主拉玛一世打败了入侵的缅甸军队后，于1782年把都城迁至湄南河东岸的曼谷。曼谷这个小渔村经过不断扩建，终于建成规模宏大的大皇宫建筑群。

大皇宫是仿照故都大城的旧皇宫建造的。大皇宫是泰国诸多王宫中，规模最大、最富有泰族特色的王宫。泰国曼谷王朝的拉玛一世到拉玛八世，均居于大皇宫内。

▲曼谷大皇宫

大皇宫建筑群布局合理，建筑技艺高超，汇集了绘画、雕刻和装饰艺术的精华，被称为“泰国艺术大全”，就其建筑艺术而言，其风格具有鲜明的暹罗建筑艺术特点，但也夹杂着欧陆风格。

大皇宫建筑群共有建筑22座，其中最主要的建筑是4座各具特色的宫殿。这4座形态不一的宫殿分别是节基宫、律实宫、阿玛林宫和玉佛寺，它们从东向西一字排开。这些建筑物一色的绿色瓷砖屋脊、紫红色琉璃瓦屋顶，集泰国数百年建筑艺术之大成。

走进大皇宫，首先见到的是大片草地和姿态各异的古树。走进第二道门，这里是大皇宫里规模最大的主殿——节基宫，这是一座三层建筑物。节基宫采用四重檐多面式木结构屋顶，很有特点。另外，在屋顶的中央还建有一座尖塔，塔尖顶直插云霄，灿烂辉煌。节基宫的特点是它的基本结构属于英国建筑艺术，而它的殿顶却是泰国式屋顶。节基宫在1876年开始建造，历代都有修缮。

律实宫坐落于节基宫之西。律实宫主要是国王、王后、太后等皇室人物举行丧礼的场所。在大皇宫的所有建筑里，律实宫历史最为悠久，这是因为律实宫是大皇宫内最先建造的皇殿。律实宫整体建筑样式保留了泰国传统建筑的特色。

阿玛林宫坐落在节基宫的东面，由阿玛灵达谒见厅、拍沙厅和卡拉玛地彼曼殿组成。阿玛灵达谒见厅是举行宫廷的召见仪式的地方。拍沙厅是举行君王的加冕礼的地方。卡拉玛地彼曼殿是君主们加冕后的官方住宅。

大皇宫里另有一座西式建筑，称为武隆碧曼宫，建于1909年。

大皇宫四周有高大的白色宫墙，间有堡垒、宫门和宫殿。

皇太后行宫

皇太后行宫坐落在泰国清迈黎敦山山丘上，建于1986年12月23日。行宫全部采用木结构，外观如同一座雕塑，简朴、实用又不失高雅。这座行宫的建筑设计具有中西合璧的特色，是以泰北传统建筑与欧洲瑞士典型的设计为蓝本建造的。整体构造具有北欧风情，但行宫的屋顶呈金字形，又有泰族的建筑风格。

皇太后行宫装饰很有特色。最具有建筑学研究价值的装饰有两处：一是一楼大厅的天花顶，上面满是用松木精琢而成的云彰图案；二是在行宫的二楼楼梯上，上面刻着从1到9再到0的10个数字，象征了人生命的轮回。

▲皇太后行宫

王献臣弃官建拙政园

苏州古典园林是江南私家园林的杰出代表，而最具代表性的苏州园林，恐怕要算是拙政园了。拙政园的山水布局，大量采用以少胜多、以简驭繁的手法，极具匠心，是我国古典园林的艺术杰作。

王献臣造园

拙政园位于江苏苏州城内东北角，始建于明代正德四年（1509），至今已有500多年的历史。

▲拙政园

明正德初年，御史王献臣遭到奸臣的排挤，一气之下，干脆辞官，回到故乡苏州，买下了苏州齐、娄门之间的元代大宏寺遗址，营建园林。

依据中国古典园林“因地制宜，顺应自然”的造园法则，他利用原有地形的特点，将积水的低凹之处挖成一水池，然后围绕着水池错落有致地建造了楼、堂、轩、亭、榭等31处建筑物，又在水池边和花木丛中点缀了不少太湖石，构成了富有江南水乡风貌的自然山水式园林景色。

拙政园园名“拙政”寓意颇深，反映了园主王献臣当时的心态。王献臣辞官归乡后，满腹牢骚，借用了潘岳《闲居赋》中“灌园鬻蔬，以供朝夕之膳……此亦拙者之为政也”句意作为园名。意思是说自己是个无官职的“笨拙之人”，以讥讽朝廷中那些把升官发财、图谋私利作为“政事”的“聪明人”。

文徵明

文徵明（1470—1559），原名壁，字徵明。明代画家、书法家、文学家。长州（今苏州）人。曾官翰林待诏。在诗文上，与祝允明、唐寅、徐祯卿并称“吴中四才子”。在画史上与沈周、唐寅、仇英合称“吴门四家”。他一专多能，能青绿，亦能水墨，能工笔，亦能写意。山水、人物、花卉、兰竹等无一不工。

明嘉靖十二年（1533），著名画家文徵明写了一篇《王氏拙政园记》，又画了园中31景，并配有诗文题咏，这使得拙政园名气更大了。

王献臣死后，他的不肖之子一夜巨赌，就将园子输给了别人。此后，拙政园一分为三，多次被人肆意改建。1860年，太平天国李秀成于此建忠王府，大兴土木，现园中建筑多为当时遗物。

全园的建筑精华

今日的拙政园包括中、西、东三部分，占地约62亩。

中部是全园精华所在，面积为12333平方米，总体布局以水池为中心，临水建有20余座建筑物。虽然建筑物大多是清代后期的风貌，但总的格局上仍然继承了明代拙政园朴素大方的风格，具有鲜明的江南水乡的特色。

拙政园的园门入口是一方很小的天井庭院，内有一株文徵明亲手种植的紫藤。拙政园的腰门在园门之后，上高悬隶书贴金的“拙政园”匾额。腰门前迎面是一座黄石假山，山上树木葱茏，犹如一道绿色的屏障，将园中景色隐藏不露。这就是园林艺术中常用的“障景”手法。

▲远香堂

拙政园的主体建筑是远香堂。堂三开间，单檐歇山顶，采取四面厅的做法，长窗透空，环观四周景物，犹如观赏长幅画卷。

远香堂北，临水池设宽敞的平台。水池中垒土石构成东西两山。西山上建有长方形平面的雪香云蔚亭，东山上建有六角形的待霜亭。两山溪谷间架有小桥，桥东是梧竹幽居亭。此亭四面设圆洞门，透门望池，风景若入怀中。

远香堂东面另有土山一座，山上建有绣绮亭。土山之南是枇杷园，园内以轩廊小院自成一区。枇杷园北侧云墙上有一圆洞门，名“晚翠”。

综观此园中部布局，池水为其中心。园内建筑大都临水，造型轻盈活泼。因水多而桥多，平桥低栏，简洁轻快，与平静的水面及幽雅的环境十分协调。空间划分一般利用山池、树木、房屋而少用围墙，所以园内空间处处沟通，互相穿插，形成丰富的层次。

▲雪香云蔚亭

以小见大的建筑风格

西部面积最小，约8333平方米，有曲折的水面和中区大池相接。

西部的建筑以南侧的鸳鸯厅为最大。厅内以隔扇和挂落划分为南北两部，南部名“十八曼陀罗花馆”，北部名“三十六鸳鸯馆”。

扇面亭隔池与鸳鸯厅相望。此亭造型小巧玲珑，别开生面。

从总体上看，西部回环有余而辽阔不足，面积有限，匠师想方设法地拓展立体及想象的空间，让人能“小中见大”，实属难能可贵。

东部原为明末“归田园居”遗址，面积约20666平方米，二十世纪五十年代末重建了兰雪堂、芙蓉榭、天泉亭、放眼亭、秫香馆等。相对来说，东部建筑物比较少，这里环境空旷，具有明快开朗的特色。

拙政园的山水，再现了“南山低小而水多，江湖景秀而华盛”的神韵。其建筑手法以小见大，极具匠心，极具魅力。

▲鸳鸯亭内景

印度皇帝为爱建造泰姬陵

泰姬陵是印度知名度最高的古建筑之一，位于今印度距新德里200多千米外的北方邦的阿格拉城内，是莫卧儿王朝第5代皇帝沙贾汗为纪念他已故皇后泰姬·玛哈尔而建立的陵墓，被誉为“完美建筑”。有人把它称为象征永恒爱情的建筑。

一个动人的爱情故事

泰姬陵是世界上最动人心魄的建筑奇迹之一。它的兴建有一段缠绵悱恻的动人的故事。

▲泰姬陵

莫卧儿王朝

莫卧儿王朝（1526—1858）是突厥人帖木儿的后裔巴卑尔建立的封建王朝。在帝国的全盛时期，领土几乎囊括整个印度次大陆以及中亚的阿富汗斯坦等地。自第三任皇帝阿克巴到第六任皇帝奥朗则布统治时期，是莫卧儿帝国的全盛时期。

泰姬陵是沙贾汗皇帝为了纪念自己的爱妻孟泰兹·玛哈尔而建造的。它印证了一个男子对一个女人的深情厚爱，是举世无双的爱情的象征。有人把它称为象征永恒爱情的建筑。

沙贾汗是印度莫卧儿王朝的第五位皇帝，他既是有名的艺术资助者，亦是伟大的建筑师。在他统治期间，莫卧儿帝国在政治及文化上皆处于巅峰。15岁时，沙贾汗还是一位王子，他爱上了贝格姆（孟泰兹·玛哈尔）。贝格姆当时芳龄14岁，美丽聪颖。然而，沙贾汗必须按照传统，实行政治联姻，娶一个波斯公主为妻。幸运的是当时的法律规定男人可以娶4个妻子，因此，在1612年，沙贾汗终于迎娶了贝格姆。婚后，贝格姆改名为玛哈尔。

玛哈尔和沙贾汗皇帝婚后一起生活了19年，两人情投意合，十分恩爱。1631年，美丽的玛哈尔皇后因难产而死。临终时沙贾汗问爱妻有什么遗愿，她要他建造一座举世无双、堪与她的容貌相媲美的陵墓。沙贾汗满口应允，这就是泰姬陵的由来。

▲沙贾汗皇帝

沙贾汗回到京城后，选定朱穆纳河畔的一块地方来建造爱妻的陵墓。他之所以选定朱穆纳河畔，是因为他从皇宫的窗口就可以望见。沙贾汗广招能工巧匠参与设计和施工。据说陵墓主要的设计师是乌斯塔德·伊萨·阿凡提。他先设计了多个图样，并一一按比例用木头做成模型，然后由皇帝选定。

沙贾汗最终选定了一座纯白色的建筑模型。这座陵墓于1631年开始动工，历时22年，每天动用2万役工，才最终完成，被命名为泰姬陵。为了建泰姬陵，沙贾汗耗竭了莫卧儿王朝的国库。

沙贾汗本来还计划用黑色大理石为自己建造一座一模一样的陵寝，但在1658年，他被儿子篡位，被监禁在镀金的牢笼里。他被囚禁了8年，每天只能隔着朱穆纳河凝望爱妻的泰姬陵。他在74岁死去时，两眼仍然凝望泰姬陵。

一座令人心旷神怡的建筑

泰姬陵矗立在印度新德里东南的阿格拉平原上。它继承了左右对称、整体和谐的莫卧儿建筑传统。全部陵区是一个长方形围院，长576米，宽293米，占地17万平方米。

步入正门，是一个长161米、宽123米的庭院。正门前是第二道大门，在第二道大门前就可以看到远处正前方的陵墓。从第二道大门到陵墓，是一条用红石铺成的甬道，两边是人行道，中间有一个狭长的"十"字形喷泉水池。泰姬陵倒映在水中，闪闪发光。

▼泰姬陵正门

泰姬陵修建在一座7米高、95米长的正方形大理石基座平台上。基座正中是陵体本身。在陵体中，寝宫居中，总高74米，上面是一个直径18米的穹顶。穹顶顶部隆起一个尖顶，直指空阔的蓝天。陵墓四周还有四座 40 米高的圆形尖塔。这四个圆形尖塔立在基座平台的四角，仿佛是陵墓的卫士，永远恭顺而尽职地守卫在墓旁。

整个陵墓的设计，体现了“天圆地方”的概念。基座是方的，陵墓下部也是方的，高耸的大门也是长方形的，但大门的上部是圆弧形的门楣，经过圆弧形门楣，过渡到陵墓上方的圆形穹顶，给人一种圆润和谐的美感。穹顶四周的四个小圆顶同大圆顶交相辉映，具有一种匀称的美。基座四周的四座细瘦的尖塔，既突出了陵墓稳居正中的地位，又加强了整个陵墓“巍巍上云霄，一览众物小”的帝王气派。

▲泰姬陵内部

▲泰姬陵侧影

泰姬陵有所创新的地方在于：泰姬陵没建在庭院正中间，而是建在庭院的里侧一角；泰姬陵背靠朱穆纳河，陵墓前视野开阔，没有任何遮拦；陵墓两边是同样形状的赤砂岩建筑，每座建筑有 3 个白色大理石穹顶。

陵墓内的镶嵌装饰也是精美绝伦。陵堂用磨光纯白大理石建造，窗棂是大理石透雕，精美华丽至极。装饰的题材多是植物或几何图案，重要部位，如各面正中的大龛周围，雕有阿拉伯文箴言。陵内中央有个八角形小室，安放着沙贾汗及其爱妃的衣冠冢，四周围着镶宝石的大理石屏风。

泰姬陵这座历史悠久的建筑，是石匠、木匠、书法家、镶嵌工艺师以及其他手工艺者智慧的结晶。这里镶嵌有俄国的孔雀石、巴格达的光玉髓及波斯的绿松石等，都是由高级手工艺师加工而成。

泰姬陵全部由大理石建造，纯白的陵堂，简洁明净、清新典雅，泰姬陵也因此获得“大理石之梦”“白色大理石交响乐”的美誉。在破晓或黄昏时分，泰姬陵透出万紫千红的光芒，十分美丽，这也是泰姬陵最美的时刻。

泰姬陵的陵堂是运用多样统一造型规律的典范。大穹隆是构图的中心，而穹顶、尖拱龛等建筑形象相似，且颜色一致，形成了一种强烈的完整感。而这些穹顶、尖拱龛在大小、虚实、方向和比例方面又有着恰当的对比，使建筑本身统一而不流于单调。

泰姬陵是一个完美无缺的艺术珍品，它充分体现了古印度建筑艺术的庄严肃穆、气势宏伟。

日本安土桃山时代因战生堡

日本进入安土桃山时代以后，文化艺术方面发生了巨大的变革，具体到建筑艺术上来说，日本的建筑摆脱宗教束缚，转向了人间世俗，并出现了一批华美绚丽的安土桃山建筑，如安土城、二条城等。有人说“真正意义的日本建筑始于安土桃山时代”。

城堡的来历

1573 年，日本结束了战乱纷呈的局面，进入安土桃山时代。此前的战乱时代，各封建领主为了备战的需要，纷纷建立起很多城堡。就这样，在安土桃山时代，日本的城堡发展到了顶峰。

安土桃山时代的日本城堡具有以下特点：

一是日本战乱时代，各领国因为战争的需要，将原先建立在险要地形上的城堡改建在了平地上，一时间日本各地建满了城堡，而且这些城堡的规模都非常大。

二是这些城堡大多由城墙、壕沟和塔楼组成，而且城墙很厚，壕沟很深，塔楼很高。

三是这些城堡都有很多层，而且随着层数的增加，顶部越来越小，顶部呈现出一种半截状的四棱体形状。

四是城堡的底部由大块石材建造而成，城堡的顶部由木材建造。

五是城堡的一些细部很有特色，如窗洞中间的小立柱和墙上的射击孔，这些设计构造其实是仿照同时代的西方城堡的。

安土城

16 世纪中叶，日本爆发应仁之乱，战火纷飞，民不聊生。织田信长此刻起兵，在桶狭间以 2000 人的部队击败今川义元 25000 人的大军，因此名声大振。这之后逐步统一全国，并迁居京都，总揽全国大权。

因织田信长的大本营在岐阜，他处理政务的地方在京都，他经常在岐阜与京都之间来回往返，非

▼安土城

常辛苦。为此，他途中经常寄宿安土渔村的安养寺。织田信长为了寄宿的方便与安全，从天正四年（1576）开始，就命重臣丹羽长秀在安土渔村修筑新城。

修筑安土城是一项巨大的工程，丹羽长秀动用了一万名民工。而且为了确保安土城建造得更为完备，丹羽长秀还邀请京都等地优秀建筑师参与设计建造。在丹羽长秀的主持下，花了约3年的时间，安土城终于修建完成。

安土城位于海拔一百多米的山顶上，共计七层，高达65米。安土城下建有大道贯穿南北，沿路还兴建了民居、寺庙和武将居所。

修建完工的安土城构造极其雄伟，城堡与安土山相连，浑然一体。安土城的主体城堡建在突出琵琶湖面的半岛上，这个半岛的三面都是湖水，非常安全。另外，这个半岛因奥岛、伊崎岛的阻隔，与琵琶湖分开了，进而成为方圆二里许的内湖。内湖又可称为安土城的一部分，并装点了安土城的园林。

安土城内分本丸、二丸，这两座建筑都建在中央丘陵之上。安土城的后面是长方形的天守阁，但织田信长将天守阁改为“天主台”。据说，织田信长之所以如此改名，是因为他青睐天主教。其实，有人认为，他如此改名，是因为他自命为日本的“天主”，以此城君临天下。在历史上，织田信长统治的时代，因此城的修建，也被称为“安土时代”。

天主台第一层是石墙，是仓库，用来放粮秣之用的。在石墙之上，还建有第二层，该层竖立着204根柱子，用于支撑墙体，墙壁上还贴了金，并且绘制百鸟及儒者。第三层立有146根柱子，柱子上画有花鸟及贤人像。第四层有93根柱子，柱子上面画有竹子、松树等图案和花纹。第五层没有画任何图案，整体呈现为三角形。第六层整体呈现为八角形，这一层是织田信长亲自设计建造的，非常有特色。这一层外面的柱子漆的是红颜色，内部柱子则是包金箔，周围设有雕栏，雕梁上刻龟和飞龙图纹。墙壁外壁绘画恶鬼，内壁画释迦牟尼与十大弟子说法图。第七层，即最高层，室内外皆涂金箔，四柱雕龙。

后来，安土城在本能寺之变、织田信长被暗杀后就被烧毁，只有石垣剩下。如今已经复原部分建筑，能看到城外各层都涂有朱红色、浅蓝色或白色，最上层是金色。

▼二条城

二条城

二条城位于日本京都，是幕府将军在京都的行辕。

永禄十二年（1569），织田信长开始兴建二条城。天正元年（1573），这座城被烧毁。关原之战后的1603年，得到天下的德川家康重新修筑二条城。德川家康筑此城的主要目的是为了让德川的族人及武将在造访京都时，有个休憩的寓所。

二条城是江户幕府的权力象征。其最主要的建筑是本丸御殿建筑群和二之丸御殿建筑群，其中二之丸御殿建筑群是当时规模最大的建筑群。

二条城的建筑有日本安土桃山时代的样式特色，占地275000平方米，总建筑面积有7300平方米。其中有六栋建筑物被日本政府鉴定为国宝级文物。

二条城由石墙和护城河环绕。石墙东西约500米、南北约400米，非常高大，而且围墙四周还挖有壕沟。

穿过二条城的大门，就是二之丸御殿。二之丸采用了唐门风格的装修，在江户时代是最豪华气派的装修。二之丸里面设有若干个房间，其中最大的称为“远侍之间”，面积据说有1046.1平方米，是各地大名藩主和朝廷敕使等候征夷大将军接见的场所。二之丸的敕使之间是将军接见天皇朝廷使者的地方。当时的天皇朝廷只是一个摆设，根本无权干预政治。由于权势和财富的悬殊，二条城的建筑其实比皇居还要豪华气派。

二之丸内还有黑书院、白书院等建筑。其中黑书院是将军、亲藩大名和谱代大名会见心腹诸侯的场所，装修别致。白书院是将军的起居间和卧室，内部装饰有一些山水水墨画。

▼二条城本丸御殿

本丸御殿是二条城的中心建筑之一，这是一座五层的天守阁建筑。可惜，在1750年，这座建筑遭遇雷击，被大火烧毁。后来本丸御殿被重建。

二条城的庭园也非常有名。二条城主要有三个庭园，即二之丸庭园、本丸庭园和清流园。这些庭园属于洄游式水庭院，水面曲回，泉流清澈，水池沿岸布置有湖石，水庭之中建有三座小岛。水庭的周边种植高低错落、组合有致的各类树木和植物。这些庭园的风格相对粗放，但是对某些局部的水石和植物的处理和安排又不乏细腻。这些庭园的设计，具有同时代中国明代的风格，可见明代中国文化依然深深地影响着日本中央政权。

二条城以樱花种类丰富见称。在城内的樱之园，可观赏到有“樱花王者”称誉的八重樱华贵庄严的身姿。

另外，二条城内的“鹂鸣地板”走廊十分有名，人行走其上便会发出黄莺鸣叫般的响声。如今这里是著名的景点，但在当时，这是统治者为保全自身安全而设的报警机关。

二条城的各宫殿建筑的内部装修、装饰和细部构造等极尽奢华之能事，而且在各宫殿屋檐和封檐板上镶嵌有纯金箔片作为点缀，显现出当年德川将军的富有和府邸的华贵。

姬路城的天守阁

天守阁是日本战国时期修建的大型城堡的中心建筑，起到瞭望台、物资储藏室以及军事哨所的作用。天守阁不仅是军事防御设施，也是所在地城主的政治和地位的象征。安土桃山时代是日本城郭建设的高潮时期，各国都争先恐后地在自己的城堡内建造天守阁，这之中最杰出的是姬路城的天守阁。

姬路城的天守阁建于1581年至1609年。姬路城的天守阁是姬路城的高大城楼，主要用于防卫，在墙上和楼门上都有射击孔。姬路城的天守阁除了主天守阁，还有四座小天守阁，这四座小天守阁主要分布在主天守阁的四角。这四座小天守阁的设计，既统一又有变化。单独看每一座小天守阁，呈现的是正方形，但整体上看四座小天守阁，它们高低不一，相互之间排列交错，各有变化，互不相同。远远眺望这四座小天守阁，发现阁楼重叠，蔚为壮观。

▼姬路城的天守阁

布达拉宫原为文成公主修造

布达拉宫是世界屋脊上的明珠，是西藏佛教寺院，还是当时的达赖活佛生活起居的宫殿。布达拉宫是藏建筑的杰出代表，也是中国建筑史上的一颗璀璨的明珠。

为文成公主而建

布达拉宫坐落在拉萨古城西北角的北玛布日山（红山）上。布达拉即梵语“普陀罗”的音译，是佛教世界观音胜地的意思。

▲布达拉宫

提到布达拉宫，我们不能不再一次提起伟大的松赞干布和文成公主。文成公主嫁给松赞干布是藏汉关系史上一件意义深远的大事。

布达拉宫就是松赞干布为文成公主建造的。据史料记载，布达拉宫是一座坚固异常、精美绝伦的城堡，有 1000 间房屋。只可惜它已被毁坏，现存的布达拉宫是将近 1000 年后的五世达赖罗桑嘉措重建的。只有布达拉宫里的观音堂是唯一幸存下来的唐代建筑，观音堂内有松赞干布和文成公主的塑像。

罗桑嘉措重建的布达拉宫既是当时西藏地方的行政机关，又是西藏佛教寺院，还是达赖活佛生活起居的宫殿。整座布达拉宫占地 1 万多平方米，主体建筑有 600 余间，主楼高 13 层，是西藏现存最大、最完整的中国传统高层建筑，也是世界上最著名的古建筑之一。

土石木结构的典范

红山位于拉萨东北方，又名“玛布日”，布达拉宫就建在红山上。布达拉宫依山而建，按照红山的自然地形由南麓梯次延伸到山顶，其中红宫高 13 层，东西白宫最高处达 7 层。

整个宫宇建筑为木石结构，其建筑结构除充分保持和发扬了邸宅与碉堡相结合的藏族建筑传统风格外，在装饰上也采用了汉族的雕花梁柱、斗拱、藻井、金顶等特色工艺。

布达拉宫的建筑格局主次分明、对比鲜明，具有深刻的象征意义。白色寝宫傲然

▲布达拉宫内部

耸立，红宫则后来居上，其他各类建筑犹如众星捧月，簇拥左右。俯视四周，低矮、拥挤的僧房、民居、马厩、作坊、监狱等建筑环顾在布达拉宫的四周，这种对比，更显示出布达拉宫的高大。这正是西藏佛教建筑刻意追求的意境。

布达拉宫的宫墙建造得非常有特色，而且东西宫墙的建筑特色各不相同。在建造东部宫墙时，工匠们尽情发挥各自的风格和所长，使得东部的墙体笔直，墙角却尖若刀斧，据说从上部沿着墙角滑下一只整羊，到下面就会被划成两半；而西部的墙体则圆浑厚实，讲求流线型，就是从上面滚下一个鸡蛋，到下面也不会打破。

宫墙墙身用高原盛产的优质花岗岩砌筑，个别部位运用了轻便的草坯、牛粪砌墙。而布达拉宫的主体外墙为双层石壁，中间灌注铁汁，从而保证了这一庞然大物的永固，提高了抗震能力。虽然已经历经了多年的岁月洗礼，至今仍完整无损。

布达拉宫宫殿的外部颜色是明亮的白、黄、红三色。白色象征恬静、和平，黄色象征圆满、齐备，红色象征威严、力量。

白宫的建筑

布达拉宫主要是由白宫和红宫两个功能不同的部分组成。白宫和红宫以外表粉饰的红、白不同颜色严格地区分。

白宫为历代摄政王、达赖经师的寝室、办公之地。这是一座具有地方政府政权性质的建

▼布达拉宫之白宫

筑物。

1642年，罗桑嘉措在青海蒙古族和硕特部首领固始汗的武力扶持下夺取全藏政权。3年后的1645年藏历四月一日，罗桑嘉措宣布重建布达拉宫，由第司索朗绕登主持工程。重建工程历时4年。白宫的主体建筑自这时建成。

▲松格廓门厅

白宫最顶层是寝宫日光殿，因为阳光可以照进大殿内而得名。日光殿分东西两部分，西日光殿是原殿，东日光殿是后来仿造的。只有高级僧俗官员才被允许进入日光殿。殿内包括朝拜堂、经堂、习经室和卧室等，陈设均十分豪华。

白宫最大的殿宇东大殿，也是布达拉宫白宫最大的殿堂，面积717平方米，内设达赖宝座，上悬同治帝书写的“振锡绥疆”匾额。殿内保存着顺治皇帝册封五世达赖喇嘛为“西天大善自在佛所领天下释教普通赤喇怛喇达赖喇嘛”的金册、金印。布达拉宫的重大活动都在此举行。

大殿四壁有壁画，数量众多，其中有两组画幅，讲述的是西藏家喻户晓的故事：一是“猴子变人”的故事，一是“照镜子”的故事。

白宫东侧的半山腰有一块宽阔的广场，称作德央厦，是举行户外活动的场所。

从德央厦的正西面扶梯而上，首先来到松格廓门厅。这里是进入白宫和红宫各个殿堂的必经之路，其险要可谓“一夫当关，万夫莫开”。

在松格廓门厅的四壁，映入眼帘的是色彩相当艳丽的壁画。最引人注目的还是唐都长安风貌图和文成公主入藏图。

门厅南壁的墙上写着盖有五世达赖手掌印的诰令，明令第司桑结嘉措代行其权，全藏僧俗都要听从。诰令下方的一双手印，被玻璃罩盖着加以保护。这是17世纪中期五世达赖在大规模修建布达拉宫时留下的印记。这双具有极

宗喀巴大师

宗喀巴大师（1357—1419）是藏传佛教格鲁派（黄教）的创立者、佛教理论家，青海湟中县人。他在学问修持各方面都具有很高的造诣。在教理研究方面，他总结大小乘、显密一切教诫理论而自成一家之言。他所创的格鲁派至今为我国藏地第一大教派。藏语系统的佛教徒，大多崇奉他为教主。

高历史价值的手印保留至今，真是弥足珍贵。

红宫的建筑

布达拉宫红宫里散布着灵塔殿和佛殿，是从事佛事活动的地方。

红宫是五世达赖圆寂后由第司桑结嘉措修建的。工程于1690年开工，1693年全部完工，共花费白银213万多两。当时，除了从各地征集民工5700余人外，还有画匠、雕花匠、刻字匠、绘画匠、石匠、木匠、铸匠、金银铜铁匠、缝纫匠、泥塑匠等各种技工1760多人。关于修建红宫的情况，在《五世达赖喇嘛灵塔目录》一书中有详细的记载。在这项浩大的工程中，康熙皇帝也派来了114名汉族和满族工匠帮助修建。在当时的情况下，进行如此巨大的工程设计，组织和调配如此庞大的工程队伍，是一件很了不起的事情。

▲布达拉宫之红宫

▲寂圆满大殿

红宫的中央最高处是殊胜三界殿，由七世达赖喇嘛所建，是红宫内一座十分重要的殿堂，许多重大活动就曾在此进行。

殊胜三界殿内的北面供奉着康熙皇帝的“长生禄位”。在“长生禄位”的后面，是一幅乾隆皇帝穿着红、黄色袈裟，头戴红色僧帽的唐卡画像。

殊胜三界殿靠西墙处是一尊精美绝伦的银质千手千眼观音像。此造像为大悲观音化身像之一，共十一面一千只手，每一只手的掌心上均有一只眼睛。这一佛像制作于1903年，采用纯银制成，面部涂金，高约3米，造型优美，工艺精巧。

殊胜三界殿的西边是长寿乐集殿，藏语称为“美德丹吉”。殿内设有六世达赖喇嘛仓央嘉措的宝座，佛龛中供奉着千尊无量寿佛像。

红宫最大的殿堂是西大殿。这是一个面积为725平方米的宽大的集会大殿，屋顶由44根巨柱支撑，四周各有一个附属殿堂。

西大殿自五世达赖以来，一直是历代达赖举行宗教大典、重要经忏活动的场所。殿内中央摆着达赖喇嘛宝座及法器茶具，这一宝座被称为无畏狮子大宝座。宝座上方悬挂着乾隆皇帝御赐的“涌莲初地”金匾额。

五世达赖

五世达赖喇嘛阿旺罗桑嘉措（1617—1682）生于西藏山南琼结。五世达赖6岁时被迎请至哲蚌寺，先后拜多位高僧大德为师，苦修佛教显、密各宗派学说，成为一名出色的大学者。晚年专心著作经典，著有《相性新释》《西藏王臣记》《菩提道次第论讲义》《引导大悲次第论》等。

大殿四壁皆是西藏著名画师所绘五世达赖生平传记壁画，面积达280余平方米。

西大殿内有一对巨大的锦缎绣幔，分别绣有宗喀巴和五世达赖像。这对锦幔是康熙皇帝特令金线编织而成。1696年，康熙皇帝特派扎萨喇嘛登巴色吉将幔帐送到拉萨，作为红宫落成的纪念赠品，因为它特殊的历史意义，亦被视为布达拉宫的稀世珍宝之一。

五世达赖灵塔也是红宫内的一座重要建筑。它是布达拉宫内最气派的一座灵塔，塔殿有5层楼高，塔身高14.8米。塔身用金皮包裹，塔上镶有上万颗珠玉玛瑙，显得辉煌眩目，华丽壮美。

塔内藏有五世达赖喇嘛肉身，还藏有佛陀迦叶舍利、释迦牟尼舍利子、《甘珠尔》《丹珠尔》等文物。

五世达赖的灵塔两侧分别为十世达赖喇嘛的灵塔和十二世达赖喇嘛的灵塔。

巍峨雄伟的布达拉宫，高高地屹立在红山之上。它不仅是高原人民的骄傲，也是中国建筑史上的一颗灿烂的明珠。

▲五世达赖灵塔

承德避暑山庄：南北艺术之大成

承德避暑山庄是我国现存的最大的皇家园林。它继承了中国古典园林的传统，并融合了我国南北造园艺术，创造了一种独特的园林风格，成为世界自然山水园林的杰出范例。

康熙诏令修建

17 世纪末，康熙皇帝每年都要从北京出发，到北方巡视一次。每次出巡，都要经过承德，并喜欢上承德这块地方。承德地势较高，夏季气候宜人，同时四周群山环抱，具有营建园林的良好条件。在康熙的诏令下，清朝朝廷从康熙四十二年（1703）开始，到乾隆五十五年（1790）结束，历时 87 年，终于建成了闻名中外的避暑山庄。

▲承德避暑山庄建筑群

避暑山庄同时又是康熙、乾隆两位皇帝处理日常政务的行宫，因此也被称为“热河行宫”。

承德避暑山庄占地 5.64 平方千米，分为宫殿区和苑景区两大部分。苑景区又可分为委婉秀丽的湖区、粗犷开阔的平原区和雄伟挺拔的山峦区。

▼丽正门

宫殿区的建筑

山庄的最南面是它的大门——丽正门。进了丽正门就是宫殿区，占地 10.2 万平方米。宫殿区最主要的一组建筑是正宫。它前后共有 26 幢建筑，组成大小不等的九重院落。当中一幢最长的建筑称为十九间殿。殿南的十几幢房屋是皇帝处理政务的用房，殿北的几幢是皇帝、后妃们的生活起居用房。

这一套宫廷建筑虽完全按照宫廷的体制设计建造，但比京城里的宫殿要小得多。

歇山式屋顶

歇山式屋顶，简称歇山顶，宋代称九脊殿、曹殿或厦两头造，清代改为今称，又名九脊顶，为古代汉族建筑屋顶样式之一。歇山式屋顶共有九条屋脊，即一条正脊、四条垂脊和四条戗脊，因此又称九脊顶。歇山式屋顶在视觉效果上给人以棱角分明、结构清晰的感觉。

第三重院落前的建筑是正宫的主殿，称为澹泊敬诚殿。它全部用南方运来的楠木建成，也被称为楠木殿。

宫殿区的第三重院落后方还分布着乾隆皇帝母亲居住的松鹤斋，听戏用的清音阁，康熙皇帝居住的万壑松风殿等。

苑景区的建筑

转过宫殿区就是山庄的苑景区了。整个苑景区共有景点 72 个。它们或是建筑，或是桥、亭，或是山水林木，都是结合具体环境组合而成的。这种分散的“集锦式”布局手法，别具一格，形成了山庄质朴无华、淡泊清远的风格。

湖区是苑景区最主要的部分。湖区只占山庄总面积的 14%，面积约 0.8 平方千米，但其中水面就有 0.38 平方千米。临湖水建了大小合宜、高低有致、外观朴素、色调淡雅的亭、廊、阁、榭。它们有的深入水际，有的临水倚岸，有的湖水环抱，与湖区的

▲烟雨楼

▼苑景区

自然环境浑然一体。

湖区有许多景点建筑是按照江南园林的格调建成的，如烟雨楼相传是乾隆皇帝被江南细雨蒙蒙中的烟雨楼美景所迷恋，下令在山庄仿造的。烟雨楼建在一个面积0.32公顷名叫青莲岛的小岛上。主楼高两层，面阔五开间。主楼东边是“青阳书屋”，屋南有方亭，屋北有八角亭。烟雨楼的各个面，无论远近，从各个角度看去都很生动。此外，还有仿照苏州狮子林的“文园狮子林”，仿照杭州西湖的“芝径云堤”等。这些建筑与被仿对象在占地大小，建筑规模上有很大的差别，但在主体轮廓以及回廊、山石、水面、色彩的运用上却有被仿对象的神态。这些建筑将我国南北园林的风格熔于一炉，非常有特色。

湖区的北面是开阔的平原区，那里主要是一片碧草如茵、林木茂盛的平地。当年，这里是各种野生和驯养动物的繁育地。据说，当年草地上还点缀着几个蒙古包，皇帝经常在这里与蒙古族的王爷们一起吃抓饭。

山庄西北的山峦区占全园面积的80%。它的地形富有变化，林木苍郁，峡谷幽深。在山峦制高点上的亭子可俯览山庄全貌，山庄外的外八庙也可尽收眼底。

外八庙

外八庙是清代皇帝为团结各少数民族，接待他们的上层人物而建造的。这里的建筑物以普陀宗乘庙和须弥福寿寺最为杰出。它们分别是仿照西藏的布达拉宫和札什伦布寺建造的。它们以藏族建筑式样的平顶大红台为主体建筑，配合白台、喇嘛塔，组合成蔚为壮观的建筑群。建筑群中的碑亭、牌坊、宝塔却又是汉族建筑式样。在一些建筑的细部装饰上又采用了精致的藏族传统纹样。所以说，外八庙建筑群是汉藏建筑文化融合的最好例证。

外八庙的兴建，密切了汉、藏及其他少数民族的关系，在工程技术、建筑艺术上也取得了新的成就。

▲普陀宗乘庙

盛世建造圆明园

圆明园是清代著名的皇家园林之一，面积 3.5 平方千米，建筑面积达 0.16 平方千米，有“万园之园”之称。圆明园整个园林的艺术构思十分巧妙，在中外园林艺术史上地位显著，是举世罕见的园林艺术杰作。

圆明园

圆明园是一座举世无双的园林，坐落在北京西郊。圆明园是一个统称，它由圆明园、长春园和绮春园组成，所以圆明园也叫圆明三园。

圆明园是清代著名的皇家园林之一，占地面积 3.5 平方千米，其中建筑面积达 0.16 平方千米，有“万园之园”之称。

▲圆明园盛时全景模型

圆明园主要兴建于康熙末年和雍正时期。

“圆明园”这一名称是由康熙皇帝命名的。康熙皇帝御书三字匾牌，悬挂在圆明园殿的门楣上方。雍正二年（1724），对圆明园进行了第一次扩建。雍正皇帝对圆明园的扩建非常重视，在雍正三年（1725）七月，内务府委派商人于长生采办圆明园所需石料。雍正帝曾经朱批云：“于长生备石之事稍有耽搁，即将其议罪。”可以看出他建园的急迫心情。

扩建后的圆明园，占地面积达到 2 平方千米左右。圆明园的格局也在这一时期基本形成。

▼圆明园之勤政亲贤复原图

乾隆帝继位后，在圆明园的东邻和东南邻兴建了长春园和绮春园。这三座园林统称圆明三园。

清代中期在园内相继又有多处增建和改建，使得园中的主要建筑达到 600 座，实为古今中外皇家园林之冠。

绮春园

绮春园早期曾是清怡亲王允祥的御赐花园，名为交辉园。乾隆三十四年（1769）归入圆明园，正式定名为绮春园。嘉庆四年和十六年，该园的西部又先后并进来两处园林，一是成亲王永瑆的西爽村，一是庄敬和硕公主的含晖园。该园因此始具千亩规模，成为清帝园居的主要园林之一。

▲圆明园之九洲清晏

至此，圆明三园处于全盛时期。当时园林建筑主要有敷春堂、清夏斋、涵秋馆、生冬室、四宜书屋、春泽斋、凤麟洲、蔚藻堂、中和堂、碧享、竹林院、喜雨山房、烟雨楼、含晖楼、澄心堂、畅和堂、湛清轩、招凉榭、凌虚亭等。

绮春园1860年被毁后，在同治年间试图重修时，改称万春园。

长春园

长春园原是康熙年间大学士明珠自怡园故址，占地近1平方千米，有园中园和建筑景群约20处。长春园在园林设计规划、造园技艺方面，是圆明三园中最突出的，它代表了中国封建社会后期皇家园林的最高水平。

▼圆明园之蓬岛瑶台复原图

长春园整体布置疏朗，疏密得当。园门为五楹结构，门外左右各有铜麒麟一只。入门为正殿澹怀堂，东西有配殿五楹。正殿之北建方亭一座。亭西为长春桥，十孔。过桥向北即为园内核心建筑——含经堂建筑群。含经堂建筑群规模富丽宏大，布局参考了紫禁城宁寿宫，是乾隆退位后常居的住所。

含经堂是含经堂建筑群中最主要的建筑，是乾隆帝吟经之所。含经堂之北为淳化轩、蕴真斋，其中淳化轩是圆明三园中最宏大的建筑。含经堂建筑群还包括“得胜盖”敞厅、涵光室、理心楼、味腴书屋等建筑。

含经堂建筑群的西边为思永斋，建工字殿十七楹。思永斋北为海岳开襟。海岳开襟之东为仙人承露台，仙人承露台南为茜园。含经堂之东为玉玲珑馆、鹤安斋、映清斋、茹园、鉴园等建筑。

另外，长春园北边还引进了一批欧式园林建筑。这批欧式建筑群于乾隆十二年（1747）开始筹划，至二十四年（1759）基本建成。它们由谐奇趣、线法桥、万花阵、养雀笼、方外观、海晏堂、远瀛观、大水法、观水法、线法山和线法墙等十余个建筑和庭园组成。它们的建筑形式是欧洲文艺复兴后期巴洛克风格，但在建筑装饰方面也吸取了不少中国的传统手法。

郎世宁

郎世宁（1688—1766），原名朱塞佩·伽斯底里奥内，生于意大利米兰。清康熙帝五十四年（1715），郎世宁作为天主教耶稣会的修道士来中国传教，成为宫廷画家。在绘画创作中，郎世宁融中西技法于一体，创造出了新的画风，因而深受康熙、雍正、乾隆器重。他的代表作品有《聚瑞图》《嵩献英芝图》《百骏图》《平定西域战图》等。另外，他还参加了圆明园欧式园林建筑的设计工作。

▲圆明园西洋楼铜版画着色复原图

欧式园林建筑群占地面积不过圆明三园百分之二，只是一个很小的局部而已，但它却是中国成片仿建欧式园林的一次成功尝试。这批建筑群曾在欧洲引起强烈反响。一位目睹过它的西欧传教士赞誉这批欧式园林建筑群可以与凡尔赛宫并驾齐驱。

盛时的圆明园有著名的四十景，每一景就是其中一座“园中园”或园林建筑群。圆明园四十景，即正大光明、勤政亲贤、九洲清晏、镂月开云、天然图画、碧桐书院、慈云普护、上下天光、杏花春馆、坦坦荡荡、茹古涵今、长春仙馆、万方安和、武陵春色、山高水长、月地云居、鸿慈永祜、汇芳书院、日天琳宇、澹泊宁静、映水兰香、水木明瑟、濂溪乐处、多稼如云、鱼跃鸢飞、北远山村、西峰秀色、四宜书屋、方壶胜境、澡身浴德、平湖秋月、蓬岛瑶台、接秀山房、别有洞天、夹镜鸣琴、涵虚朗鉴、廓然大公、坐石临流、曲院风荷、洞天深处。

圆明园不仅是当时中国宫廷建筑的集大成者，而且对 18 世纪欧洲建筑的发展，产生过重要的影响。

一八六〇年的罪恶

1860 年，第二次鸦片战争时，英法联军侵入北京，圆明园惨遭抢劫。

1861 年 1 月 14 日，英国《泰晤士报》刊登圆明园被劫掠的经过 ：“在场的每个军人进入皇宫的宫殿后，被宫殿里的宝贝惊呆了，谁也不知该拿什么东西。为了拿金子，而把银子丢了 ；为了宝石，又把金子丢了 ；无价的瓷器和珐琅器，因为太大不能运走，竟被打碎。”

掠夺之后，指挥官放火焚园。英国人温华尔曾描述过 ：“两天两夜的大火，熊熊地烧着，随着大风，烟雾吹过了北京城内，黑云压城，日光掩没。”

大火之后，圆明园这座旷世名园，只留下了残垣断壁、衰草荒沙，80 多年来，一直在向中华儿女诉说着昔日的富丽堂皇。

▲圆明园西洋水法遗址

江南山水颐和园

颐和园是汲取江南园林的设计手法而建成的一座大型山水园林，也是我国保存最完整的一座皇家行宫御苑，被誉为“皇家园林博物馆”。

修建园林的历史

颐和园，坐落在北京西郊，占地面积 2.9 平方千米，是我国保存最完整的一座皇家行宫御苑。颐和园虽位于北方，却是汲取江南园林的设计手法建造的一座大型山水园林。

乾隆十五年（1750），乾隆皇帝为孝敬其母孝圣皇后，动用 448 万两白银将北京西郊的四座皇家园林改建为清漪园，这就是颐和园的前身。

1860 年，清漪园被英法联军大火烧毁。1884 年至 1895 年，慈禧太后挪用海军军费，修复清漪园的前山建筑群，在昆明湖四周加筑围墙，并将其改名为颐和园。

颐和园尽管大体上恢复了清漪园的建筑，但许多高层建筑由于经费的关系被迫减矮，尺度也有所缩小。如文昌阁城楼从三层减为两层，乐寿堂从重檐改为单檐，苏州街被焚毁后再也没有恢复。另外，由于慈禧偏爱苏式彩画，颐和园许多房屋亭廊上装饰了很多苏式彩画，这也是颐和园在装饰风格上与之前的清漪园最大的不同。

1900 年，颐和园又遭八国联军洗劫。翌年，慈禧再次动用巨款修复此园。

苏式彩画

苏式彩画源于苏杭地区，俗称“苏州片”。一般用于园林中的小型建筑的装饰。苏式彩画底色多采用土朱（铁红）、香色、土黄色或白色为基调，色调偏暖，画法灵活生动，题材广泛。苏式彩画内容非常丰富，博古器物、山水花鸟、人物故事无所不有，甚至西洋楼阁也杂出其间。慈禧太后对苏画特别偏爱，将其居住过的宁寿宫等处的彩画均改作苏式。

▼万寿山和昆明湖

颐和园中建筑物虽多，但布局得体、错落有致，非常漂亮。总体来说，全园分政治活动区、帝后生活区和风景游览区三个区域，而且每个区域都有一到两个代表性的建筑物。政治活动区以仁寿殿为中心，帝后生活区以玉澜堂、乐寿堂为主体，风景游览区由万寿山和昆明湖组成。

仁寿殿庭院中的妙处

颐和园政治活动区以仁寿殿为中心。

仁寿门门内有一大石峰为屏，石峰屏后面屹立着一座气势磅礴、金碧辉煌的大殿，这就是仁寿殿。

仁寿殿最早建于 1750 年，原名勤政殿，是皇帝在颐和园坐朝听政、召见臣属的正殿。清代皇家园林的特点之一是每座园林都有处理政务的地方，即所谓勤政殿。1860 年，此殿在英法联军洗劫时被毁。修复后改名为仁寿殿。慈禧执政期间，其政治中心自紫禁城逐渐移到颐和园，仁寿殿成了慈禧处理政务的场所。另外，仁寿殿也是慈禧举行筵宴的地方。

▲仁寿殿

仁寿殿的庭院中，景物、建筑繁多，现列举几样：

太湖石：位于仁寿门门口，形体巨大，也被称为寿星石。这一巨石立于仁寿门门口，起到了障景、点景作用。此石产于江苏太湖流域，具有瘦、皱、透、漏四大特点，是堆砌假山、点缀园林的名贵石料。

铜龙凤：殿前两侧放置铜龙和铜凤，腹内镂空，做燃烧松木、桐叶之用。铜龙凤的陈列方式为凤在龙之上。

铜麒麟：又名狻猊，位于仁寿殿前院中央的汉白玉石须弥座上。传说铜麒麟是龙生九子之一，象征着吉祥富贵。铜麒麟是在 1937 年 6 月由圆明园遗址移来的，原为一对，其中一个被毁。

延年井：殿的北面有一水井，水味清甜。因慈禧一次游园中暑，喝此井水解暑，赐名延年井。慈禧死后，此井废弃。1984 年修整地面施工时，将此井修复。

峰虚五老：颐和园仁寿殿院四周各一块色暗孔奇之石，象征一年四季。加上院中的一块，这五块太湖石合称“峰虚五老”。

另外，颐和园仁寿殿、乐寿堂等处的消防铜缸上，刻有“天地一家春”大印。相传，慈禧初进宫时地位卑微，只封了个兰贵人的称号，所住之处即为“天地一家春”。慈禧“垂帘听政”，因对“天地一家春”有特殊情感，遂令匠人在铸造防火缸时，刻上“天地一家春”大印，并把它们安放于自己居住和处理政事的乐寿堂与仁寿殿前。

玉澜堂与长廊

从仁寿殿向西北，即可来到光绪皇帝居住的玉澜堂。玉澜堂西临昆明湖，其东配殿是霞芬室、西配殿是藕香榭，堂后还有一个小院。玉澜堂以北是光绪皇帝的皇后隆裕居住过的宜芸馆。

▲玉澜堂

乾隆曾在玉澜堂召见大臣饮宴赋诗，嘉庆也曾在此召见群臣。慈禧重建颐和园后，她让光绪皇帝住玉澜堂，隆裕皇后住宜芸馆，这两个院相通，且与她所住的乐寿堂相近。

玉澜堂内布置的摆设有宝座、围屏、掌扇等。宝座靠背上雕着山水画，御案陈设在绘有山水画的玻璃围屏前。玉澜堂的东耳房原是光绪皇帝的书房，书房的梁上原挂有由太监拉动的大布风扇，专为光绪皇帝消暑所用。玉澜堂的北边西间是光绪皇帝的卧室，里面陈设简洁古朴。

“戊戌变法”失败后，慈禧迁怒于光绪皇帝，将光绪皇帝就囚禁在玉澜堂。玉澜堂通往皇后隆裕所住的宜芸馆的通道也由慈禧太后下令封堵了，封堵的砖墙至今尚在。光绪只好在玉澜堂这座囚笼里来回走动，以杖击地发泄心中的积怨。现在玉澜堂内的地上仍凹凸不平，传说就是光绪杖击的遗迹。

颐和园的长廊全长 728 米，不仅是目前我国园林中最长的游廊，亦是世界上少有的长廊。1990 年，被《吉尼斯世界纪录大全》评为世界上最长的画廊。

万寿山阳坡集中有建筑数百处之多，并无杂乱之感，其中一个主要原因是有长廊这条彩带在园林布局中起着提纲挈领的作用。长廊像一条纽带，有机地把各处建筑串联了起来，构成一个整体。

从东向西，长廊中点缀着留佳、寄澜、秋水、清遥四个象征春夏秋冬四季的亭子。

▲长廊

长廊的东西两部，各有一座临水敞轩，即对鸥舫和鱼藻轩，左右对称，布局严谨。

长廊是一条长长的观景线，沿廊而行步移景换，在长廊上可见的景观有小石桥、养云轩、无尽意轩、国花台等。

长廊虽长，但廊外有景，廊内有画，故而身处其中却并不会感到乏味。

佛香阁仿六和塔建造

佛香阁的“佛香”二字来源于佛教对佛的歌颂。据《摩诘经·香积品》记载：“有国名众香，佛号香积。其国香气比于十方诸佛世界之香，最为第一；其界一切皆以香作楼阁。”

佛香阁是颐和园的中心建筑，也是颐和园的标志性建筑物。佛香阁建在万寿山前山高 20 米的方形台基上，南对昆明湖，背靠智慧海，以它为中心的各建筑群严整而对称地向两翼展开，形成众星捧月之势，气派相当宏伟。

佛香阁仿杭州的六和塔建造，高约 40 米，阁内有 8 根巨大铁梨木擎天柱，为古典建筑精品。佛香阁共分三层，阁上层有匾额“式延风教”，中层有匾额“气象昭回”，下层有匾额“云外天香”。另外，位于万佛寺的佛香阁有百级台阶的石台，北京的老人们常说：“登上万寿山的 100 个台阶，就能活到 100 岁。”

▲佛香阁

据说这座巨大的建筑物被英法联军烧毁后，1891 年花了 78 万两银子的巨款重建，是颐和园历史上最大的工程项目。

1988 年，中国有关部门对佛香阁进行了大修，殿内重新布置。第一层布置了千手千眼菩萨，第二层布置的是乾隆时雕塑的三世佛像，第三层布置的是佛香阁建筑艺术展览。

个园的建筑“个性”

清代的扬州曾有“园林甲天下”之誉，那里至今还保留着许多优秀的古典园林。其中历史最悠久、保存最完整、最具艺术价值的，要算坐落在古城北隅的个园了。个园建筑设计者将四季假山设置在一园之中，人们可以随时感受到四时美景。这种独特的建筑艺术手法在我国传统园林中是极为少见的。

黄至筠造园

个园位于江苏扬州，是清嘉庆年间的两淮盐业总商黄至筠在明代寿芝园的旧址上扩建而成的。

▲个园入口

个园虽不大，但处处体现出造园者的匠心独具。值得一提的是个园的叠石艺术，采用分峰用石的手法，运用不同石料堆叠而成“春、夏、秋、冬”四景。四季假山各具特色，表达出一种美妙的诗情画意。这种独特的建筑艺术手

▼壶天自春

法在我国传统园林中是极为少见的。

个园旨趣新颖，结构严密，是中国园林的孤例，也是扬州最负盛名的园景之一。

▲个园中的夏景

石涛

石涛（1642—约1707），中国画一代宗师。他是明宗室靖江王赞仪之十世孙，幼年遭变后出家为僧，半世云游，以卖画为业。早年画风疏秀明洁，晚年用笔纵肆，墨法淋漓，格法多变。存世作品有《搜尽奇峰打草稿图》《山水清音图》《竹石图》等。

春夏秋冬的建筑奇观

个园是一处典型的私家住宅园林。园门为月洞形，门上石额书写“个园”二字。园门两侧各种竹子枝叶扶疏，与门额相辉映。竹丛中，插植着石绿斑驳的石笋。

在这幅别开生面的竹石图中，运用惜墨如金的手法，点破了“春山”主

▼个园秋景

▲个园冬景

题。

夏景位于园之西北。造园者将两座假山和谐地连为一体，构成了夏景的主题。假山上的古柏，枝叶葱郁，颇具苍翠之感；山下池塘内的池水将假山映衬得格外灵秀，池中游鱼嬉戏穿梭于睡莲之间，静中有动，极富情趣。池塘右侧有一曲桥直达假山的洞穴，洞之幽深，颇具寒意，人们步入洞中，顿觉清爽。

夏景叠石以青灰色太湖石为主。造园者利用太湖石的凹凸不平和瘦、透、漏、皱的特性，创造出一种独特的夏季景致，远观如奇峰，近视似洞穴。

秋景用黄山石堆叠而成，堆叠而成的假山山势较高，面积也较大。黄山石呈棕黄色，棱角分明，如刀劈斧砍。整座山体峻峭凌云，显得壮丽雄伟。进入山腹，如入大山之中，险奇之处随时可见。山腹内有石屋，可容十几人，内设石桌、石凳、石床。沿腹道攀缘而上，至山顶拂云亭，满园佳境，尽收眼底。

夕阳西照时，整座山体撒上一层黄金，秋景尽现眼前，十分美妙。

造园者将冬景安排在南墙之下，远远望去似积雪未消，这是因为冬景的地面用白石铺成的缘故。冬山用宣石堆叠，石质晶莹雪白，每块石头几乎看不到棱角，给人浑然而有起伏之感。冬景的高墙上有 24 个风音洞，后面的巷风袭来，时而发出呼啸之声。山侧的几株蜡梅烘托出冬天的严寒。

正当人们面对静穆的冬景之时，蓦然回首，发现西墙上被巧妙地掏有一洞窗，露出了春景一角，似乎在暗示春天又将来临。

缅甸曼德勒皇宫得以重建

曼德勒皇宫原来是缅甸最后一个王朝贡榜王朝的皇宫，位于曼德勒古城的正中央，皇宫内有104座大小殿宇。殿宇由缅甸特有的珍贵树种——柚木建造而成。第二次世界大战时曼德勒皇宫被毁，1989年重建。

曼德勒皇宫

曼德勒皇宫位于曼德勒古城的正中央，第二次世界大战时被火烧毁。1989年，缅甸政府开始依据历史图片和资料重建，恢复了89个主要大殿。

曼德勒皇宫是四方形，面积不大，长宽各为2000米，但里面的建筑很多，皇宫内有104座大小殿宇。这之中包括国王上朝召见群臣的大殿、居室、嫔妃居住的后宫。

曼德勒宫殿分为东西两片，东片住着男眷，西片住着女眷，两片之间的分界线是金銮殿。在金銮殿的中央，高高地安放着国王的狮子宝座，宝座装饰得富丽堂皇。

▲曼德勒皇宫

在国王的狮子宝座下面，有一个大厅，是国王举行典礼和接见外国使者的地方。大厅和宝座之间有很多台阶，这象征着缅甸国王的王权是至高无上的。宝座后面的内厅内供奉着“奈特”——“马哈吉里”的雕像。“奈特”是缅甸的神灵，有天、地、山、水等等的自然神灵，也有家族和部族的祖先，甚至还有奴隶。“马哈吉里”保佑着皇权和皇家的世代安康和繁荣。

建筑特色

曼德勒皇宫的建筑看上去就像蒲甘王朝建造的佛塔，层层向上，一层比一层小。皇宫四周有高达9米的城墙，围墙每隔200米就有一个塔楼。而且城外还有一条宽为60米的护城河，护城河外的木栏杆把皇城和外面的世界隔开。

皇宫内有四道主门，八道边门。曼德勒建筑群全是红墙，边沿是黄色。远观耀眼夺目、金碧辉煌，近看雕廊画柱、精美绝伦。皇宫内整片建筑群均为木结构，精雕细刻，宏伟壮丽。

第六章
东方近代建筑的成就

由于东方近代的建筑风格遭遇西方建筑风格的影响，东西方结合的建筑风格，不同程度地在东方大地上出现。在中国租界区，也出现了纯粹西方化的建筑，上海汇丰银行大楼就是西方人自己设计建造的纯西方化的建筑。

日本的鹿鸣馆和韩国的总督府大楼，则是东方人学习西方建筑手法而建造出的西方化的建筑。韩国的总督府大楼还是一栋著名的西方化建筑。此时的东方建筑都或多或少地染上了殖民主义的色彩。

最华贵的建筑：上海汇丰银行

汇丰银行大楼于1921年5月5日开工，1923年6月23日建成，被认为是中国近代西方古典主义建筑的最高杰作。大楼的设计者是著名的英资建筑设计机构公和洋行。英国人自夸这座大楼是“从苏伊士运河到远东白令海峡最华贵的建筑”。

▲上海汇丰银行老照片

▲上海汇丰银行

基本的建筑结构

汇丰银行大楼，原指香港上海汇丰银行于1923年至1955年在上海的分行大楼，位于上海外滩12号。1921年5月5日大楼开工，1923年6月23日建成，被认为是中国近代西方古典主义建筑的最高杰作。大楼的设计者是著名的英资建筑设计机构公和洋行。

汇丰银行大楼占地面积9338平方米，建筑面积23415平方米。占地面积和建筑面积均居当时外滩建筑的首位。

汇丰银行大楼是远东最大的银行建筑，也是世界上第二大银行建筑，仅次于英国的苏格兰银行大楼。至今，汇丰银行大楼依然被公认为是外滩建筑群中最具特点的建筑。

汇丰银行大楼采用严谨的新古典主义立面构图。大楼主体高五层，另有地下室一层半。大楼主体为钢框架结构，砖块填充，外贴花岗岩石材，外观非常漂亮。

汇丰银行大楼内部装修品质十分高雅，选用大理石、黄铜等装修材料，技艺精良。营业大厅的8根柱子由整根大理石筑成，在当时为亚洲独例。

汇丰银行大楼的正门处，装有3扇铜铸转门。进入大门，是八角形门厅，上面是穹顶。穹顶嵌有大型彩色马赛克组成的画面，内容取自古希腊神话，画面中心为巨大的太阳和月亮，画面外圈的12个星座则分别对准穹顶下的8幅壁画。穹顶由当年的意大利工匠制作。

▲上海汇丰银行营业大厅

由八角厅入内便是1500平方米的营业大厅。营业大厅内有两排大理石圆柱，作支撑之用。营业大厅的屋顶为巨大的玻璃天棚，天棚用小块玻璃镶拼，十分牢固。

在建筑学上的地位

大楼的建筑风格属英国新古典派希腊建筑，是外滩大楼建筑群中最显眼的，被认为是中国近代西方古典主义建筑的最高杰作。汇丰银行在旧中国的银行建筑中，也是没有任何一家银行的建筑可以与它相媲美的。汇丰银行大楼建成后，英国人号称“从苏伊士运河到远东白令海峡最华贵的建筑”，可见这栋大楼在英国人心目中的地位。

汇丰银行大楼至今还屹立在黄浦江外滩边，它象征着一个时代的过去，也象征着中华民族蒙受屈辱的那段历史。

日本鹿鸣馆和东京帝国饭店

日本明治维新之后，一切向西方学习。日本国内引入了西方建筑技巧、材料和风格，新建了一批与传统日式建筑不同的钢铁和水泥建筑。在这批建筑中，鹿鸣馆和东京帝国饭店最具典型性。

鹿鸣馆

日本明治维新后，在东京建了一所类似于沙龙的会馆，供西化的达官贵人们聚会玩乐，这个会馆就是鹿鸣馆。鹿鸣馆名称出自中国《诗经·小雅》中的《鹿鸣》篇。之所以取名鹿鸣，还有体现“鹿鸣，燕群臣嘉宾也”之义，意思即迎宾会客之所。

▲鹿鸣馆

鹿鸣馆由英国建筑师乔赛亚·康德设计，于1880年开始建造，工程占地约1.45万平方米，历时3年，耗资18万日元。

建成后的鹿鸣馆是一座砖式二层洋楼，呈意大利文艺复兴式风格，兼有英国韵味。

1883年11月28日，鹿鸣馆开馆，并举行了典礼。日本外务卿井上馨与妻子主持这次典礼，参加开馆仪式的有包括各级官员、公使以及亲王等1200多名权贵。

▼井上馨

此后，鹿鸣馆就成为日本上层人士进行外交活动的重要场所。

在日本人眼里，鹿鸣馆是日本近代欧化主义的象征，是日本建筑史上的一道风景。但在西洋人眼

弗兰克·劳埃德·赖特

弗兰克·劳埃德·赖特生于美国，是一位重要的建筑师。赖特对现代建筑有很大的影响，他设计的许多建筑都受到普遍的赞扬。

赖特的建筑作品充满着天然气息。他十分赞赏日本宗教关于“净”的戒条，即净心和净身，视多余为罪恶，主张在艺术上消除无意义的东西，使一切事物变得十分自然有机，追求返璞归真。

里，鹿鸣馆只是形式上对欧洲建筑的模仿，未得欧洲建筑的精髓。西洋人甚至讽刺鹿鸣馆是“东施效颦”“公开的大闹剧”。

后来由于日本欧化主义势微，作为欧化主义象征的鹿鸣馆也几经转卖，于1940年被拆毁。

▲东京帝国饭店

东京帝国饭店

日本东京帝国饭店由设计师弗兰克·劳埃德·赖特设计，在1922年建成。东京帝国饭店是一座豪华的饭店，层数不高，平面大体为H形，内部有许多庭院。从建筑风格上来说，东京帝国饭店是西方装饰风格和日本传统装饰风格的混合风格，而在装饰图案中同时还夹有墨西哥传统艺术的某些特征。

▲赖特

东京帝国饭店在关东大地震时，因其特殊的设计结构而免遭于难，设计师赖特也因此一举成名。因为在设计东京帝国饭店时，赖特和参与设计的工程师们采取了一些新的抗震措施，连庭院中的水池都考虑到可以兼作消防水源之用。

东京帝国饭店的建成，使日本的建筑实现了由木结构到砖石结构的转变，这是日本现代建筑史上值得重视的事件。

东京帝国饭店是赖特建筑的代表作，饭店的每一个部分都充满了赖特独特的建筑创意。

1968年，东京帝国饭店被彻底拆除。

韩国国立中央博物馆被拆除

韩国国立中央博物馆的前身是总督府大楼，是朝鲜半岛典型的西式建筑，对于韩国现代建筑的发展具有重要的意义。这栋大楼是日本殖民强权的象征，一直备受韩国人民的憎恶，但这栋大楼在韩国建筑史上拥有重要的地位。

破坏了皇宫的建筑格局

▲景福宫

▲总督府大楼

韩国国立中央博物馆的前身是朝鲜总督府大楼，坐落在景福宫的前面，是由日本殖民者主持修建的。这栋大楼整整营造了十年，1926 年竣工。

这栋大楼的设计师曾中途易人。一开始，日本殖民者聘请在日本开办事处的德国建筑师格奥尔格·迪·拉兰德担任大楼的设计师，后来拉兰德去世，大楼的设计工作由日本建筑师野村一郎、国枝博等人接手。

朝鲜总督府大楼建造在朝鲜王宫正门光化门与勤政门之间。为了建造这座大楼，日本殖民者将朝鲜王朝的正宫内大多数建筑拆除。作为日本统治朝鲜半岛的象征，高大的总督府建立在象征着王权的皇宫内，这严重破坏了皇宫的格局。

典型的西方式建筑

朝鲜总督府大楼是一座文艺复兴式花岗石建筑，高达 22.7 米，共有 5 层，占地面积 7055 平方米，其中楼面面积约 31800 平方米，大楼内有 257 个房间。外墙采用花岗岩装修、内部墙壁铺有炼瓦。

1948 年 8 月大韩民国政府成立，总督府大楼被改建为政府办公大楼，称为中央厅。后来，中央厅改为韩国的国立中央博物馆。但韩国民间对这座大楼非议很多，认为它是朝鲜屈辱历史的象征。韩国政府最终决定拆卸大楼，在原址重建当初被日本殖民者拆除的王宫。1995 年，整座大楼被拆卸，只保留尖塔部分，放在天安市郊外的独立纪念馆展览。

总督府大楼是朝鲜半岛典型的西式建筑，对于韩国现代建筑的发展具有重要的意义。因为这栋大楼是日本殖民强权的象征，一直备受韩国人民的憎恶，但这栋大楼在韩国建筑史上拥有重要的地位。

▲独立纪念馆

▲上海世博会中国馆

▲上海世博会韩国馆

第七章
东方建筑的现代化

东方建筑目前已进入现代化的进程。在这一进程中，东方建筑呈现出民族化和多元化的风格特点。

全国农业展览馆是北京唯一一个具有中国传统风格的园林式大型展览馆。中国的鸟巢，在设计中就将中国传统文化中镂空的手法与现代最先进的钢结构设计完美地融合在一起。

日本代代木体育馆被称为20世纪世界上最美的建筑之一，是日本现代建筑发展的一个顶点，其特异的外部形状可以追溯到日本古代的神社建筑，具有原始的想象力。而韩国的国立清州博物馆则是韩国建筑师将现代建筑与韩国传统结合得比较好的建筑之一。

韩国战后兴起现代建筑

韩国战后，其国内的建筑朝着多样化与现代化的风格发展。这时期建造的建筑主要有POSCO中心、独立纪念馆、国立现代美术馆、世宗文化会馆和青瓦台。

▲ POSCO 中心

POSCO 中心

POSCO中心是韩国浦项钢铁公司的总部办公大楼，该建筑于1995年建造，设计师是元正洙。元正洙是韩国本土设计师，他还参与设计了韩国银行本店大楼。POSCO中心位于韩国首尔市中心繁华的写字楼密集地区。

韩国浦项钢铁公司是世界上最大的钢铁企业之一，其主营业务是钢铁。总部大楼POSCO中心的设计初衷，是为了将韩国浦项钢铁公司这家世界闻名的钢铁公司的形象展现在世人面前，所以，POSCO中心的外观表现充满金属的质地。

POSCO中心的两座主办公塔楼采用的是立方体的单纯体型，分别高达31层与21层，每层的面积达到1134平方米。这两座塔楼充满了国际化的设计风格，具有高科技建筑的透明性与统一性。

POSCO中心内部的办公空间具有极大的灵活性。POSCO中心还面向大街修建了很多门厅，人员出入很方便。

独立纪念馆

韩国独立纪念馆建于1987年，坐落在韩国天安市郊，总面积近1平方千米。独立纪念馆包括纪念馆和展览馆两部分，采用钢筋混泥建造而成，外墙贴有花岗岩装饰。

韩国独立纪念馆是陈列韩国独立运动及独立运动家相关资料的地方。纪念馆内有韩国历史政府厅舍和7个展示日占时期到韩国临时政府成立期间历史的展厅。此外，纪

▲独立纪念馆

念馆内还设立体剧院以及一些室外设施。

独立纪念馆分为中谷、东谷与西谷三个部分。中谷是民族之家与展览馆，东谷是青少年中央公园，西谷主要用于举办青少年的夏令营活动。

民族之家是独立纪念馆的主要建筑，它长 126 米、宽 68 米、高 15 层（45 米），是模仿高丽时代修德寺而设计的悬山屋顶式建筑。

展览馆区域共有 7 个展览馆，总面积为 23624 平方米。这些展览馆由钢筋水泥平板建成，高达 12.5 米，属于室内展览馆，由大间、小间、特别展览室构成。

西谷夏令营可以容纳 5000 名青少年在这里活动，并备有宿营地、炊事场、饮水台、厕所、洗浴室及四季滑雪场、足球场等各种体育设施。

独立纪念馆内部还拥有 360 度圆形影像厅，其科技水平位于世界前列。360 度圆形影像厅面积为 1455.7 平方米。

国立现代美术馆

韩国国立现代美术馆位于首尔附近的果川地区，建于 1986 年，设计师是金泰修与金仁锡。韩国国立现代美术馆占地面积 73360 平方米，地上三层，地下一层，是采用钢筋混泥土与钢结构建造而成。

▲国立现代美术馆

设计师为了突出现代美术馆的韩国传统建筑特色，依据韩国传统寺刹的概念，让整座建筑呈现出寺刹的基坛形象，层层错落，每层都设置了各种功能空间。另外建筑的基座也装饰了花岗石，给人一种寺庙基座的感觉。但建筑的上部使用的是石块装饰，具有现代建筑的风格。

韩国国立现代美术馆主要由核心塔、中央展示厅、七个辅助展厅以及露天雕塑花园等构成。

核心塔位于博物馆内中心位置，它直径为 13.8 米、高 22.8 米，顶部连接天窗。在核心塔右边是中央展示厅，主要用于举办音乐会、招待会等活动。

中央展示厅右侧的第一展厅，适合展示绘画、雕塑、工艺品。左侧的第二展厅主要用于展览最新的先锋艺术作品。

根据展览需要，第一展厅、第二展厅以及中央展示厅也可合并为一个整体区域。同样位于一楼的第七展厅也可以分为两个空间，与第一展厅相连，常被用于展览那些对空间和照明有较高要求的当代艺术家的作品。

第三、第四展厅位于二楼，主要陈列 1950—1980 年期间的韩国艺术家的作品。三楼的第五展示厅主要展示雕塑和单色绘画作品。第五展厅对面的第六展厅目前主要展示工艺品和捐赠的艺术作品。

儿童美术馆位于二楼和三楼之间，于 1997 年对外开放。

美术馆室外的露天雕塑花园内陈列有超过 60 名韩国艺术家的艺术作品。

▲世宗文化会馆

世宗文化会馆

世宗文化会馆位于韩国首尔钟路区，面积为 53202 平方米。

世宗文化会馆是一座集演出、展览为一体的地下 3 层、地上 6 层的建筑。会馆整体分为展馆与剧场两部分。展馆部分由美术馆和“光画廊”组成；剧场部分由拥有 3022 个座位的大剧场、小剧场和设有 7 国语言同步翻译的会议中心构成。

世宗大剧场共分三层，可同时容纳 3000 名观众。安放在舞台右侧的风琴是亚洲最大的风琴之一，这个风琴有着悠久的历史，使得大剧场更加古色古香。小剧场也能同时容纳 100 多人在上面表演。与其他剧场相比，小剧场颇具特色的音响设备大大提升了舞台的真实感。

会馆的美术馆则由主馆、别馆和新馆构成。会馆内还有艺术商店及艺术人会议室等。“光画廊”位于世宗文化会馆地下，是一座小型展馆。

此外，位于主楼后面的世宗艺术庭院每年都会举办各种题材的文化演出。

青瓦台

青瓦台是韩国总统官邸，位于首尔市钟路区世宗路一号。 这里早前是高丽王朝的离宫，如今，这里成为韩国总统的官邸。青瓦台得名于主楼的青瓦。

现今的青瓦台是卢泰愚总统在任时新建的。青瓦台由中央的主楼、迎宾馆、绿地园、无穷花花园、七宫等组成。为了能突出韩国特色，这里所有建筑都是按照韩国传统建筑模式建造。

主楼的青瓦和曲线设计的房顶是青瓦台最具代表性的地方。主楼右侧是春秋馆，春秋馆房顶是用传统的陶瓦做成的。主楼左侧是迎宾馆，迎宾馆共有 18 根石柱，显得威武雄壮。

这里的绿地园和无穷花花园是历代总统植纪念树的地方。这里的七宫是朝鲜时代的七个传统样式的宫殿和雅致的院落。

新加坡独立后兴建现代建筑

新加坡作为华人国家和亚洲金融中心之一，其建筑既保持着华人的传统特色，又具有现代化的风格。新加坡著名的建筑有鱼尾狮、摩天观景轮和滨海艺术中心。

鱼尾狮

鱼尾狮是一种虚构的鱼身狮头的动物，鱼尾狮已成为新加坡的形象代表。

新加坡有六座鱼尾狮雕像，其中最重要的鱼尾狮雕像位于新加坡鱼尾狮公园。该塑像高 8.6 米，重 70 吨，由雕刻家林浪新在 1972 年 5 月完成。

鱼尾狮的狮头设计灵感来源于《马来纪年》。据《马来纪年》记载，在 14 世纪时，一位名叫圣尼罗乌达玛的王子来到了新加坡。他一登陆就看到一只神奇的狮子，于是他为此岛取名“新加坡”，即“狮城”的意思。

▲鱼尾狮

鱼尾狮狮头鱼身，立在水波中，其设计概念是将现实和传说合二为一：狮头代表传说中的“狮城”，鱼尾代表新加坡从渔港变成商港的特性，也象征着那些从中国南方漂洋过海来到新加坡谋生的刻苦耐劳的新加坡华人的祖祖辈辈们。

该鱼尾狮雕像的狮子口中能喷出一股清水，设计十分巧妙。在鱼尾狮像背面还竖有四块石碑，碑文讲述了鱼尾狮象征新加坡的故事。

大鱼尾狮雕像的附近还雕塑有一座小鱼尾狮像。这座小鱼尾狮像也由林浪新雕塑完成，它高 2 米、重 3 吨。鱼尾狮的狮身是用混凝土制作而成的，狮身的表面覆盖了陶瓷鳞片，而鱼尾狮的眼睛则是用红色的小茶杯制作而成的。

2009 年 2 月 28 日下午 4 点半左右，鱼尾狮塑像遭雷击，塑像头部和波浪状底座损坏。2009 年 3 月 18 日，鱼尾狮修复完成。

新加坡共有大大小小 7 座鱼尾狮雕像。除了新加坡鱼尾狮公园的一大一小两座外，其他 5 座分别位于新加坡政府的旅游局总部、圣淘沙、花柏山和宏茂桥。

摩天观景轮

新加坡摩天观景轮，又名飞行者摩天轮，坐落在新加坡滨海中心填海而得的土地上。

新加坡摩天轮的设想首先产生于2000年。最初的设计类似伦敦眼，高度为170米。不过，很多人对这个计划嗤之以鼻，认为其缺乏原创性，没有人投资该计划。直到摩天轮的设计改变后的2002年，德国的两家公司投资了该项计划。

▲摩天观景轮

摩天轮的施工面积约16000平方米，共占地33700平方米。建成后的摩天轮有42层楼高，轮体直径达150米。庞大的摩天轮被安置在3层的休闲购物中心楼上。摩天轮拥有28个座舱，每个座舱面积26平方米。摩天轮可一次性容纳28名乘客，年最大载客总数达730万人。

摩天轮之下的三层休闲购物中心是一个商业零售餐饮市场，楼后面是40个巴士车位的巴士停车场。

滨海艺术中心

滨海艺术中心位于新加坡著名的滨海区，于2002年10月正式落成，已成为新加坡的标志性建筑。其建筑师团队以昆虫的复眼为灵感，造就了滨海艺术中心独特的外观。但因为滨海艺术中心主体宛如两颗榴梿，又名榴梿壳。

滨海艺术中心不仅外观独特，而且极富有现代建筑特色。它有由4590片玻璃所组成的屋顶遮阳罩，其内部陈设充满了欧洲剧院风味。滨海艺术中心内部拥有音乐厅、戏剧院等空间。

▲滨海艺术中心

音乐厅是滨海艺术中心的核心场馆，是世界上五个拥有这种尖端设计的音乐厅之一。音乐厅的表演舞台可容纳120位音乐家，最多达到170位。音乐厅中设有混响室，能够为每一场音乐会提供完美的音响效果。音乐厅的座椅分布在4层之中，可以容纳1600人。

戏剧院的舞台是新加坡最大的表演舞台，包括一个主舞台以及两个与主舞台大小相似的辅助舞台。戏剧院采用了“盒中之盒”的设计，以隔绝外部的噪音。

十大建筑之一：全国农业展览馆

全国农业展览馆于1959年正式落成，是中华人民共和国成立十周年首都十大建筑之一，其地理位置、规模、布局和风格均由周总理亲自审定。全国农业展览馆也是北京唯一一个具有中国传统风格的园林式大型展览馆。

▲全国农业展览馆

首都十大建筑

中华人民共和国成立十周年的十大国庆工程项目指的是人民大会堂、中国革命历史博物馆、民族文化宫、北京火车站、工人体育场、全国农业展览馆、钓鱼台国宾馆、民族饭店、华侨大厦、革命军事博物馆。

1958年9月5日，中国政府要求在中华人民共和国成立十周年之前在首都建成十大建筑，又称为“国庆十大工程”。

当时建设的首都十大建筑同后来的八十年代、九十年代十大建筑相比，有其独特的时代特点。首先表现为规模大、工期短；其次这十大建筑是政府决策、全国支援建设的，很多设计方案都是周总理亲自审定的；再次在建设的过程中，因为缺乏先进的设备，建设过程中大量使用土机器，甚至手工作业；最后这十大建筑推动了北京城市的发展，确立了北京城市的布局。

这十大建筑中，规模最大的是全国农业展览馆，农展馆的地理位置、规模、布局和风格均由周总理亲自审定。

全国农业展览馆位于北京市东三环北路农展桥东侧，地理位置优越，有京都“龙眼”宝地之说。展览馆全馆占地0.52平方千米，建筑总面积达25000平方米。

全国农业展览馆新馆是拥有10座中国传统建筑风格的展览馆，农展馆是北京唯一一个具有中国传统风格的园林式大型展览馆。

展览馆院内树木成荫，环境十分优美。农展馆有广场3个，总面积为40000平方米。如此大的展馆面积和广场面积为京城展览场馆之最。

农展馆新馆于2004年11月8日奠基。新馆采用大跨度独立柱基张弦式管桁架结构，展厅面积13000平方米。新馆的建成，大大提升了农展馆承接大型展览的能力。

日本代代木体育馆

日本代代木体育馆是亚洲第一位普利兹克建筑奖得主、日本建筑师丹下健三的作品。这座建筑物被称为20世纪世界上最美的建筑之一，是日本现代建筑发展的一个顶点。

▲代代木体育馆外景

为奥运会而设计

日本获得了1964年奥林匹克运动会的举办权后，特地聘请了日本建筑大师丹下健三设计了这座代代木体育馆。代代木体育馆高度的结构技巧和合理的平面布局，得到了全世界建筑行家们的广泛赞颂。

据说外国运动员进入这座陌生的体育馆时，丝毫没有紧张感，反而得到精神上的鼓舞和支持，能诱发运动员的最佳竞技状态。这是因为体育馆的室内空间组合恰到好处，对运动员都产生了积极的精神作用。一座建筑物居然产生了如此神秘的作用，确实是少有的。

丹下健三

丹下健三（1913—2005），世界知名的日本建筑师，普利兹克建筑奖获得者。1935年他进入东京大学建筑系学习。毕业后进入前川国男建筑事务所。1961年他创建了丹下健三城市建筑设计研究所。丹下健三是一名著名的建筑设计师，多次获得国内外的各种荣誉。

代代木体育馆占地近1平方千米，由主馆、附馆和公共辅助设施三部分组成。主馆为游泳馆，附馆为篮球馆。

主馆与附馆

主馆游泳馆是用于游泳和跳水比赛的。另外，游泳池还有一个隐藏起来的活动盖子，盖上盖子，可以在上面举行柔道之类的比赛。

游泳馆空间庞大，最多可以容纳16246名观众。游泳馆的屋顶采用了一种称为“悬索结构”的新技术，能够创造出带有紧张感和灵动感的大型内部空间。其特异的外部形状可以追溯到日本古代的神社建筑，具有原始的想象力。

附馆篮球馆在主馆的西南面，那是举行篮球或拳击比赛的地方。篮球比赛时，可容纳3831名观众，拳击赛时占的场地小，可以容纳5351名观众。据说，从外看篮球馆，会发现其屋面扭曲得很厉害，就像一个正在发力的运动员的身体姿态。运动员们喜欢这个体育馆，大概与这个原因有关。

▲代代木体育馆内景

代代木体育馆的游泳馆和篮球馆通过地下部分连接在一起，地下部分是办公室、公共辅助设施以及运动员的练习场地等等。

奇妙的建筑设计

值得一提的是，代代木体育馆是当代仿生建筑的杰出代表。这一个由瞬间的海浪漩涡而引发灵感的设计，其类似海螺的独特造型给人很强的视觉冲击。

代代木体育馆不仅在使用上、技术上现代化，而且其独特的屋顶设计，也体现了日本古建筑的传统特色，既式样新颖，又有浓厚的日本传统味道。

代代木体育馆是20世纪60年代的技术进步的象征，它脱离了传统的结构和造型，被誉为划时代的作品。该建筑是日本现代建筑发展的一个顶点，日本现代建筑甚至以此作品为界，划分为之前与之后两个历史时期。

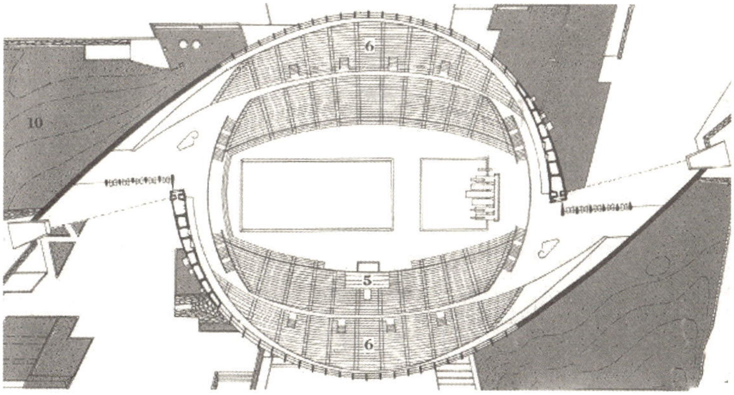

▲代代木体育馆设计图

韩国63大厦与国立清州博物馆

韩国首尔的63大厦于1985年落成，当时为全亚洲最高的楼宇，是韩国现代建筑的杰作。而韩国国立清州博物馆则是韩国建筑师将现代建筑与韩国传统结合得比较好的建筑之一。

63大厦

63大厦顾名思义，就是它有63层楼，地面上60层、地下3层，共63层。63大厦高达264米，是首尔的地标性建筑之一。

▲韩国63大厦

63大厦坐落于首尔汉江畔，由大韩生命保险规划兴建，在全球大厦高度排行第102。

63大厦内部设有水族馆、屋顶花园、电影院，是一座观光旅游大厦。

63大厦的外观全部都镶嵌着双重反射的玻璃，所以在晴空的艳阳下，大楼因为阳光的折射，变得灿烂夺目，非常漂亮。

游客乘坐观景电梯行至顶层的瞭望台，可居高临下观察首尔全城的景色。另外，一边乘着电梯，一边向外眺望风景，也别有一番趣味。

国立清州博物馆

▲韩国国立清州博物馆

国立清州博物馆坐落在青州的主山牛岩山东边山脊，1987年10月30日建成，由韩国设计师金寿根设计。

国立清州博物馆的建筑沿着山坡的地形缓慢地展开，数个单体建筑组成了庞大的建筑群。每个单体建筑有许多外部空间，这些外部空间都有不同的使用功能，这使得建筑群的使用效率大大提高。又因为单体建筑在装饰上有着统一性，所以整个建筑群也显得非常和谐，丝毫没有破碎感。

国立清州博物馆的建筑大多采用了“韩屋”造型的瓦房顶和房檐，使这些现代建筑充满了历史沧桑感。

国立清州博物馆是韩国建筑师将现代建筑与韩国传统结合得比较好的建筑之一。

▲韩国国立清州博物馆

多位设计师建长城脚下的公社

长城脚下的公社，是中国第一个被威尼斯双年展邀请参展并荣获“建筑艺术推动大奖”的建筑作品，2005 年被美国《商业周刊》评为“中国 10 大新建筑奇迹”之一。

长城脚下的公社

长城脚下的公社坐落于长城脚下 8 平方千米的美丽山谷之中。这是一座由 12 名亚洲建筑师设计建造的世界前卫建筑工程项目。

长城脚下的公社是一组建筑群，共有别墅 42 座、套房 190 间、餐厅 4 个以及 1 个儿童俱乐部和 1 个户外泳池。其中著名的别墅有公社俱乐部、手提箱屋、家具屋、三号别墅、怪院子、飞机场、红房子、竹屋、大通铺、双兄弟、森林小屋和土宅。

十二位设计师的作品

公社俱乐部由韩国建筑师承孝相设计建造。俱乐部的设计构思是将景观的概念从与之相关联的土地中剥离出来，将它放在都市中重新解读。俱乐部位于公社别墅群的中心位置，从俱乐部内西看长城，能看到最美的景观。俱乐部建有两座餐厅、游泳池、画廊，还建有配套的杂货店、管理中心与员工宿舍。

▼公社俱乐部

▲手提箱屋

手提箱屋由中国香港建筑师张智强设计，该别墅包括4间拥有卫生间的卧房，另有一间室内桑拿室。手提箱屋的一大特点在于它的二层所有的墙均可临时拆除，从而将二层变成一个巨大的空间。

▼家具屋

家具屋由日本设计师坂茂设计，家具屋共包括4间带有独立卫生间的卧室。家具屋四面都是门，其露天庭院位居中央，在庭院中可看到周围的景观纷至沓来。家具屋的外观空间和内部空间保持表里如一

▲三号别墅

的单纯风格。

三号别墅由中国大陆建筑师崔恺设计，包括4间舒适的卧室，并有一间开放式厨房。主卧的浴室配有整面的落地玻璃，可以看到窗外的山景。三号别墅的室内室外是相通的，室内能够看到室外，室外能够看到室内，建筑设计非常巧妙。

▲怪院子

怪院子由中国香港建筑师严迅奇设计，是一座错落有致的三层空间，共有4间卧室，其中三层的主卧无墙无门，与户外风景紧紧相连。怪院子有白色的墙壁以及木地板和石板铺面，装饰非常素雅。

飞机场由中国台湾建筑师简学义设计，包括4间卧室和3个会客室。其会客厅非常特别，如机场伸向不同方向的登机通道。

▼飞机场

红房子由中国大陆建筑师安东设计。红房子有4间卧室。主卧的主色调是桃红色，客卧采用浅色木

▲红房子

地板，客厅与阳台相连。房子顶上的屋顶庭园，视野开阔。

竹屋由日本建筑师隈研吾设计。竹屋有 6 间卧室，纤纤细竹隔出的“茶室”是竹屋的点睛之笔。“茶室”悬于水上，极具禅意。两个客厅互通互连，其中一个客厅坐落在山野间，客厅的一面墙由鸭绒垫做成。

▼竹屋

▲大通铺

大通铺由泰国建筑师堪尼卡设计。堪尼卡是 12 幢别墅的设计师里唯一的女性建筑设计师。大通铺有 4 间卧室，饭厅和客厅相连，饭厅里有一张加长的桌子。大通铺二楼的卧室是一排大通铺。客厅屋顶上有一块凸出的长形玻璃窗。

双兄弟由新加坡建筑师陈家毅设计。双兄弟分为主楼和附楼。主楼设有卧室、客厅和书房。客厅附带壁炉。二楼最内侧的浴室屋顶开了一个不大的椭圆天窗。附楼设

▼双兄弟

有餐厅和厨房。餐厅两侧都是落地玻璃窗，透过玻璃窗可以看见南向山脉上长城起伏的情况。

森林小屋由日本建筑师古谷诚章设计。森林小屋有4间卧室，餐厅和厨房是独立的。森林小屋外墙由狭长的玻璃组成，远远望去，这座森林小屋如同建在树上的鸟巢，在小客厅还可能见到松鼠在树间跳来跳去。

▲森林小屋

土宅由中国大陆建筑师张永和设计。土宅是一个独立小院，有4间卧室，每一间卧室均带有独立露台。一个玻璃卫生间连着两个有客厅的房间。土宅位于12个别墅的制高点，墙体为中国西部常见的夯土墙，冬暖夏凉。

▲土宅

建筑学意义

中国的现代建筑，大部分都是高楼大厦，千篇一律，而长城脚下的公社却开辟了一个崭新的天地，其所有房子都是独一无二的。这些别墅的建筑设计别致多样，韵味独到，它们错落有致地建在陡峭安静的山谷里，与自然融为了一体，从每一栋独体别墅中都可以看到未经修复的古长城。

长城脚下的公社在世界建筑学上具有重要的意义。它是中国第一个被威尼斯双年展邀请参展并荣获“建筑艺术推动大奖”的建筑作品。2005年被美国《商业周刊》评为“中国10大新建筑奇迹”之一。有人说，长城脚下的公社可以改变一代人的居住、消费和审美观。

长城脚下的公社不仅是一座具有相当规模的高档特色酒店，更以其富有艺术感的房屋设计，站到了亚洲当代建筑艺术标杆的风潮上。

中外合作共建水立方

水立方是中国国家游泳中心。作为北京2008年奥运会主要的比赛场馆之一，水立方建筑富有特色，并采用了很多最新科学技术，水立方也因此成为2008年北京奥运会标志性建筑物之一。水立方是世界上最大的膜结构工程，建筑外表采用了环保节能ETFE膜材料。

水立方

水立方位于北京奥林匹克公园内，是为2008年奥运会而建的国家游泳中心。中国当时曾经向全球征集设计方案，最终经过专家评审，“水的立方”方案获得通过，又名水立方。

“水的立方”方案是中外合作的产物。参与这个方案设计的中方设计机构是中国建筑工程总公司，此外还有两家外国设计机构参与了方案的设计，分别是澳大利亚PTW建筑师事务所和ARUP奥雅纳工程顾问有限公司。

水立方建设用地62950平方米，建筑面积79532平方米，长宽高分别为177米、177米、30米。水立方于2003年年底开工，2007年年底前完工，并立即投入试运行。

水立方的选址也很讲究，它与中国国家体育场鸟巢分列于北京城市中轴线北端的两侧。如此一来，水立方和鸟巢都没有破坏几千年前就确定的北京城的历史布局。

设计的来源

水立方看似简单的“方盒子”形状，但这种形状是附和中国传统文化的。中国人认为，没有规矩不成方圆，方形建筑能够获得整体的和谐统一，方形是中国古代城市建筑最基本的形态。另外，“天圆地方”的设计思想催生了水立方，也与位于其旁的鸟巢的圆形建筑相得益彰。

在中国文化里，水是一种重要的自然元素。水立方在奥运比赛后将成为北京最大

▼水立方

的水上乐园。为达此目的，设计者将水的概念深化，利用了水独特的微观结构，为“方盒子”包裹上了一层布满了酷似水分子结构的几何形状的外衣，这些 ETFE 膜又赋予了水立方独特的视觉效果和感受，水的神韵在建筑中得到了完美的体现。

水立方还体现了诸多科技和环保的特点，内部用于奥运比赛的泳池也应用了许多创新设计，使比赛泳池成为世界上最快的泳池。

设计独特

水立方外墙采用两层 ETFE 气枕，中间由钢结构支撑，这是水立方建筑设计的最大特色。

水立方除了地面之外，外表都采用了膜结构——ETFE 材料。水立方的外表共由 3065 个 ETFE 气枕组成，覆盖面积达到 10 万平方米，是全球迄今最大的 ETFE 结构工程，也是唯一一个完全由膜结构来进行全封闭的大型公共建筑。

ETFE 具备很高的非传导性，不导电，几乎对任何化学品都不反应，其特性非常稳定。另外，ETFE 自净能力也很强，膜的表面沾上灰尘，自然降水也足以使之清洁如新，所以，ETFE 材料几乎不需日常保养。另外，ETFE 材料具有较好的抗压性，放上一辆汽车都不会压坏，即使 ETFE 气枕破裂，也可在 8 个小时内修好或换新。

但是，要在水立方的框架上安装如此多的 ETFE 气枕，对于建筑施工来说，是一个巨大的挑战。中国和澳大利亚的设计人员利用三维坐标设计了 3 万多个钢质构件，最终将 10 万平方米 ETFE 气枕安装完毕。这些技术都是我国自主创新的科技成果，在世界建筑史上是独一无二的。

此外，水立方占地面积六万多平方米，却没有使用一根钢筋，一块混凝土。其整体结构都是用细钢管连接而成的。

实用的场馆

水立方的场馆主要包括奥林匹克比赛大厅、水立方热身池、水立方多功能大厅、嬉水乐园等。

奥林匹克比赛大厅是水立方的核心区域，大厅的总体面积达到 8120 平方米，其中长 116 米、宽 70 米、高 30 米。奥林匹克比赛大厅内有两个泳池，游泳池水深 4.5 ~ 5.5 米。为了便于观看赛事，比赛大厅的座席区拥有 5000 余个标准座席。大厅内空气质量优良，良好的建筑设计营造出了一种舒适、愉悦的环境。

水立方热身池分为深水区和浅水区，池水全部消毒，保证了池水的质量，池岸温度常年保持在 22 ~ 26 度之间。

水立方多功能大厅面积达 2400 平方米，其中长 60 米、宽 40 米、高 17 米，可容纳约 1000 人。多功能大厅内有三块标准室内网球场。

独特的建筑：鸟巢

鸟巢是中国的国家体育场，之所以叫“鸟巢”，是因为其结构的组件相互支撑，形成了网络状的构架，就像树枝编织的鸟巢。鸟巢不仅为2008年奥运会树立了一座独特的历史性的标志性建筑，而且在世界建筑发展史上也将具有开创性意义，为21世纪的中国和世界建筑树立了典范。

东西方建筑风格的交融

国家体育场鸟巢是2008年北京奥运会主体育场，是由2001年普利兹克奖获得者赫尔佐格、德梅隆与中国建筑师李兴刚等合作完成的建筑作品。在鸟巢的设计中，将中国传统文化中镂空的手法与现代最先进的钢结构设计完美地融合在一起。

鸟巢于2003年12月24日开工建设，2008年3月完工。工程总造价22.67亿元人民币。

▲鸟瞰鸟巢

鸟巢建在北京奥林匹克公园中央区平缓的坡地上。鸟巢的形象完美纯净，网络状的构架就像树枝编织的鸟巢，空间效果简洁而典雅。在这里，体现了传统与现代的交融。

鸟巢外形结构主要由巨大的门式钢架组成，共有24根桁架柱，长柱为332.3米，短柱为296.4米。

鸟巢外壳采用可作为填充物的气垫膜，使屋顶达到完全防水的要求，阳光可以穿过透明的屋顶，照射到鸟巢内部。比赛时，看台可以通过多种方式进行变化，以满足不同观众的要求。

鸟巢的入口、出口及人群流动通过流线区域的

普利兹克奖

普利兹克奖，是1979年由普利兹克家族的杰伊·普利兹克和他的妻子辛蒂发起的，由凯悦基金会赞助的，是针对建筑师个人颁布的奖项，有建筑界的诺贝尔奖之称。获奖者将得到10万美元奖金、一份证书和一个铜制奖章。从1979年至2014年，普利兹克奖已颁给39位建筑师。对于世界上的建筑师而言，普利兹克奖意味着至高无上的终身荣耀。

▲鸟巢外景

合理划分和设计得到完美的解决。

设计的魅力

鸟巢的设计充分体现了人文关怀，无论观众坐在哪个位置，与赛场中心点之间的视线距离都在 140 米左右。鸟巢的下层膜采用的吸声膜材料、钢结构构件上设置的吸声材料以及场内使用的电声扩音系统，使“巢”内坐在任何位置的观众都能清晰地收听到广播。

鸟巢的相关设计师们还运用流体力学设计，让所有观众都能享有同样的自然光和自然通风。鸟巢的观众席里，还为残障人士设置了 200 多个轮椅座席。比赛时，场内还将提供助听器并设置无线广播系统，为有听力和视力障碍的人提供个性化的服务。

鸟巢还是一个室内的城市空间，设有餐厅和商店，其作用就如同商业街廊或广场，吸引着人们流连忘返。

鸟巢这个长 333 米、宽 298 米的庞然大物由 11 万吨钢铸成，看似笨重，却有着优雅的姿态和灵动的风韵。

鸟巢就像一个巨大的容器，不论是近看还是远观，都给人留下与众不同的、永不磨灭的形象。鸟巢的空间效果既具有前所未有的独创性，又简洁、典雅。

鸟巢不仅为 2008 年奥运会树立了一座独特的历史性的标志性建筑，而且在世界建筑发展史上也将具有开创性意义，为 21 世纪的中国和世界建筑树立了典范。

▲鸟巢内景

中国国家大剧院落成

2009年9月，中国国家大剧院落成并进行了首场演出。中国国家大剧院是亚洲最大的剧院综合体，位于北京长安街上。它造型新颖、前卫，构思独特，是北京的地标性建筑。中国国家大剧院由法国建筑师保罗·安德鲁主持设计。作为北京的地标性建筑，国家大剧院造型独特的主体结构，以及外围大面积的绿地，体现了人与自然和谐共融、相得益彰的理念。

设计的灵魂

1998年4月，中国政府开始了国家大剧院建设方案的征集，共征集了44个方案。经多方研究最后决定采用巴黎机场设计公司的方案，并邀请清华大学配合修改，法方设计师是保罗·安德鲁。

保罗·安德鲁1938年出生于法国波尔多市。1967年，他设计了著名的圆形巴黎戴高乐机场候机楼。后来他又设计了尼斯、雅加达、开罗、上海等国际机场。安德鲁还参与过许多大型建筑项目，如英法跨海隧道的法方终点站等。

安德鲁与清华大学合作的建设方案中标后，他曾说："我的这个设计方案是想打破中国的传统，当观众踏进这个巨大的剧院的那一刻起，他就进入一块梦想之地。"安德

▼夜幕下的国家大剧院

鲁将国家大剧院描述为“巨大的半球，仿佛一颗生命的种子”。

在他的设计思想中，中国国家大剧院要表达的是内在的活力，这种内在的活力是隐藏的、是在外部宁静笼罩下的内部生机。用安德鲁的话来说，就像一个简单的“鸡蛋壳”，里面孕育着生命。安德鲁对中国国家大剧院的设计灵魂是：外壳、生命和开放。

独特的壳体造型

国家大剧院中心建筑为独特的壳体造型，周长达 600 余米。中心建筑的壳体表面由 18398 块钛金属板和 1226 块超白玻璃巧妙拼接，其中 18000 多块钛金属板中，只有 4 块形状完全一样。1226 块超白玻璃巧妙拼接成的是一个渐开式的玻璃幕墙。

钛金属板表面金属光泽极具质感，可以长达 15 年不变色，而白玻璃具有强烈的反光性。设计师巧妙地利用这两种材质的性质，两者结合后，渲染出了一种独特的视觉效果，看上去有一种帷幕徐徐拉开的感觉。在夜晚，这种视觉效果更具震撼性，透过渐开的“帷幕”，人们可以清楚地看到金碧辉煌的歌剧院。

另外，壳体表面上的蘑菇灯，与远处的夜空遥相呼应，使大剧院的外观充满一种独特的美感。

大剧院壳体周围是人工湖，大剧院壳体是建造在水面之上的。这座“城市中的剧院、剧院中的城市”以一颗璀璨的“湖中明珠”的奇异姿态出现在世人面前，呈现出传统与现代、浪漫与现实相结合的视觉风格。

国家大剧院壳体外形坐落在长安街上，与周遭的环境产生了强烈的冲突，但这种冲突却带来了良性的效果，使得国家大剧院壳体外形显得像个“天外来客”。

▲国家大剧院歌剧院

内部构造

让人叹为观止的是，国家大剧院的各种通道和入口都设在人工湖的水面下。从大剧院北入口进入后，首先见到的就是水下长廊，这个长廊长达 80 米。廊道的装饰非常漂亮，顶部玻璃天花板上方的湖水波光粼粼，人徜徉其中，仿佛步入到“未来水世界”。

穿过水下长廊，就走进了橄榄厅。橄榄厅的两扇大门凝重典雅，两扇大门的上面还设有 180 个椭圆形凸起，仿佛使用传统的门钉，使得橄榄门实现了中国元素和现代

▲国家大剧院音乐厅

▲国家大剧院戏剧场

设计的完美融合。

穿过橄榄厅，进入的是大剧院内的公共大厅。公共大厅的开阔空间目前堪称全球剧场之最。大厅穹顶明朗大气的深红色调，暗合着中国传统审美意趣。大厅整个地面使用石材达10种之多，很多都是稀有品种。

除此之外，国家大剧院内还有四个剧场。四个剧场既完全独立，互相又有着紧密的联系，观众可以通过空中走廊使自己从一个剧场进入另一个剧场。

四大剧场的位置分别是：歌剧院位于中间，音乐厅位于东侧，戏剧场位于西侧，小剧场位于南门西侧。

歌剧院是国家大剧院内最宏伟的建筑，主要供大型歌剧、舞剧演出使用。

音乐厅洁白肃穆，共有席位2019个，内有国内最大的管风琴，用来演奏大型交响乐和民族乐。厅内的抽象浮雕天花板极具现代美感。

戏剧场以上演戏曲、话剧等为主，具有浓郁民族色彩的丝布墙面体现出戏剧场亲切、热烈而传统的气氛。观众席共有1035个席位。戏剧场主舞台设置的“鼓筒式”转台，可以达到边升降边旋转的出色的舞台效果。

小剧场整体色调风格清新典雅，内有保温及具有隔音效果的隔断墙。